JN111527

シェフと美食家のための
ジビエガイド

監修：ワイルドライフ・ジビエマルシェ

UN GUIDE DE GIBIER POUR LES CHEFS ET LES GOURMETS

ジビエの美味しい
レストラン147店舗掲載

旭屋出版

はじめに

本書は、シェフ向きの内容で構成されていますが、「深堀されたジビエの情報が知りたい」という美食家の声にこたえて、作る側と食べる側、どちらも楽しんでいただける情報を盛り込みました。
動物の命をいただく行為ですので、すこし残酷な表現や描写もありますが、どうかご理解ください。

さて、ジビエを扱うレストランの多くは、平均席数１５席、スタッフ３名のオーナーレストランです。大手レストランやチェーン店はほとんどありません。なぜならジビエは、季節や個体により肉質が大きく変化するため、火入れが難しく、シェフの高い技量が求められる食材だからです。

今、レストラン業界は、サバイバル時代に入っています。そして、この扱いづらい食材にこそ、生き残り戦略のヒントが隠されているのではないでしょうか。大手に対抗するためには、「ストーリー」「サプライズ」「卓越した技術」が求められます。ジビエにはそのすべてが詰まっています。さらにはＳＤＧｓや自然環境のことまで。ジビエは、たくさんの物語が紡がれている食材なのです。

さらに、ジビエは日本の伝統食やオーガニックフードとしての強みももっています。もし、訪日客の方に、日本のソウルフードとして、「ジビエ」をＰＲできたら、もっと多くの需要があるはずです。ジビエには、色々な課題もありますが、未開拓かつ魅力的食材でもあるのです。是非一緒に、食の最後のフロンティアであるジビエの旅に出かけましょう。

令和６年２月
合同会社ワイルドライフ
ジビエマルシェ課
高橋　潔

シェフと美食家のための

ジビエガイド

—ジビエの美味しいレストラン147店舗掲載—

はじめに …… 2

ジビエ動物図鑑 …… 7

ジビエの美味しさを探る …… 33

・美味しいジビエを解剖する …… 34
・４種の鹿肉食べ比べ …… 37
・話題のアナグマ VS. ヌートリア …… 41

ジビエ最新レポート …… 45
—熊の急増と OSO18 の謎を追う—

・〈インタビュー〉ツキノワグマ急増の原因 …… 46
・OSO18 出現の真相 …… 50

目次

ジビエの狩猟を知る …… 55
・〈インタビュー〉ジビエ食肉処理施設の開業と経営 …… 56
・〈インタビュー〉僕はなるべくして猟師になった …… 59
・ハンターシェフへの道 …… 64

【全国版】ジビエの美味しいレストランガイド147 …… 68

シェフからのジビエ質問箱 …… 176

ジビエ検定 …… 190

ジビエ用語集 …… 196

編集後記 …… 204

ジビエ動物図鑑

ジビエの最大の魅力は、野生動物たちの生態です。彼らがどんな行動や餌食をし、捕獲されたのかを知ることで、調理方法や食味への理解が深まります。

ジビエ動物図鑑

鹿

学名：*Cervidae*

【耳】	かなり良い。左右別方向に変え、全方向。
【目】	白黒２色の世界で識別。
【角】	4才では、3又4先(みつまたよんせん)に枝の数が増え、年齢の目安となる。鹿の枝角は、アントラ（Antler）と呼ばれ、サッカーチームの由来となっている。鹿茸（ろくじょう）*は、漢方薬となる。
【皮】	夏毛は、オスメスともに茶色に白の紋様。冬毛は、オスは茶褐色、メスはグレー。とても繊維が緻密で柔らかい。セーム革として手袋や衣料に利用される。
【鼻】	猪ほどではないが、人間と比べると圧倒的に良い。
【尻】	危険を感じると尻の毛を大きく広げ、仲間に警戒信号を発する。
【脚力】	高さ1.5mほどであれば助走なしでも飛び越えることができる。危険が迫っている時などは3m近い幅で跳躍する。

【本州鹿 VS エゾ鹿】

本州鹿は個体が30～50キロで、肉質は柔らかく、繊維が細やかなのが特徴です。臭みはほとんどなく、ジビエ初心者でも安心して食べられます。１頭からロース1.5キロ、モモ6キロが取れます。バラ肉や脂はほとんどついていません。１年を通じて味は安定していますが、夏に脂がのるオス鹿が一番のおすすめです。

一方、北海道に生息するエゾ鹿は、個体が50～100キロ超あり、サイズが大きい分、肉質はやや粗目で、ワイルド感があります。味には奥行きがあり、ジビエらしさを堪能できます。

基本的に処理施設で、熟成をさせ、柔らかくしてから出荷します。9～11月に脂がのるメス鹿がベストで、１月以降は、痩せてきます。また、オス鹿は、肉質が固いため、多くは、ペットフードの原料になります。

【夏鹿とは】

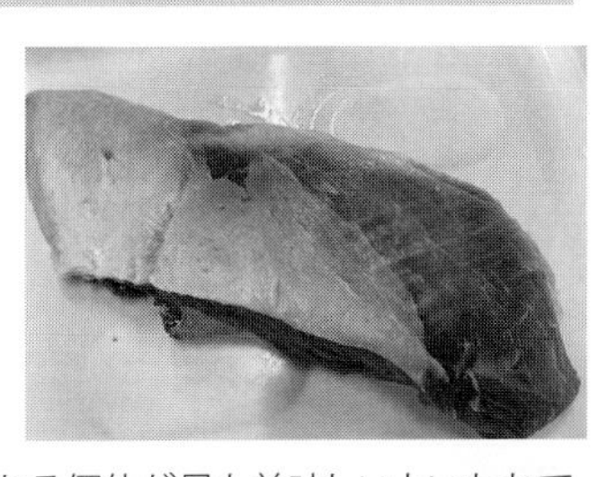

「夏鹿」は地域により定義が異なりますが、一般的に6月～9月頃に獲れる脂がのったオス鹿の総称です。例えば、長野県では、繁殖前の6月～10月の脂がのったオスが最高ランクになります。さらに、秋口に、毛皮の紋様が抜け、赤身を帯びる「赤鹿」と呼ばれる個体が最も美味しいといわれています。もともと山岳エリアにしか生息しなかった鹿が、全国分布になり、「夏鹿」の定義が、地域によりあいまいになってしまいました。ただし、夏に獲れた痩せた鹿を「夏鹿」と呼ぶのは、おかしいので、当社では、脂が乗っている場合のみ「夏鹿」と定義しています。

ジビエ動物図鑑

猪

学名：*Sus scrofa*

【体重】　成獣で30〜120キロ。
【耳】　ほどほどに良い。
【目】　視力は0.1以下だが、動的反射は鋭い。
【鼻】　犬以上の嗅覚があり、鼻先で５０キロの石を動かせるパワー。
【牙】　オスの牙は、ナイフ並みの切れ味。鼻先をしゃくり上げて攻撃し、人は内ももの動脈を切られて死亡するケースが多い。
【顎】　人の指も噛み砕くことができる。
【肩】　鎧と呼ばれ、硬い皮と脂肪で覆われている。スラッグ弾が貫通しないことも。
【しっぽ】　攻撃前にぐるぐる回す。駆除した場合は、証拠にしっぽを切断し提出する。
【脳】　学習能力が高く、飼いならすと芸も覚える。性格は大変臆病。
【脚力】　時速45mで走り、垂直で1.5mの高さを飛べ、海を渡る泳力がある身体能力の持ち主。猪突猛進は、まったくのウソで、急停止・旋回も可能。

【豚熱で産地が大ピンチ】

豚熱の拡大で本州と四国では、猪の捕獲頭数が激減しています。豚熱は、人間には感染しませんが、猪にとっては致死率が高いウィルス。猟師さんによると、過去に豚熱が蔓延したときには、山から猪が何年も消えたとか。困っているのは、ジビエ食肉処理施設です。取引先のレストランへ、猪が提供できなくなり、他産地から仕入れをして、まかなっているのが現状です。九州まで拡大するとジビエ業界にとって大きな打撃となります。

【猪の湯剥きとは】

九州で古くから伝わる処理方法です。まず熱湯をかけながら、ナイフで、毛を剃っていきます。毛根まで残さず剃ることが肝です。残った毛はバーナーで焼き切ります。皮付き猪は、沖縄料理のラフテーと同様の煮込み料理にするのが最適で、皮・脂・肉の三重奏を堪能できます。

【うり坊は美味しいか】

うり坊は猪の子供（0歳）で、体毛の紋様が「うり」に似ていることが名前の由来です。うり坊の肉は、柔らかいのですが、バサバサしていて、あまり美味しいとはいえません。基本的に動物の幼獣は、筋肉が未発達で、アミノ酸がのらないため、旨味がありません。しかし、「丸焼き」にすると、インスタ映えするため、イベントで注文する方が増えています。とても可愛いので残酷ですが、1年後には立派な猪になります。

ジビエ動物図鑑

熊

学名：*Ursidae*

【耳】 ほどほどに良く、高音に敏感。
【目】 視力は0.1以下だが、動的反射は鋭い。
【鼻】 犬以上の嗅覚があり。ハチミツの匂いに弱い。
【爪】 ヒグマの爪の長さは、人間の指と同じ長さ。エナメル質の内側の骨は、切れ味抜群。
【頭蓋骨】 横から見ると額の傾斜が緩いため、ライフル弾が貫通しないことも。そのため、ヒグマ猟では、胸を狙うのが基本。
【胆のう】 昔から万能薬として重宝されている。
【手】 熊の手料理では、前手で左が美味しいとされるが、科学的根拠はない。
【脳】 知能は高い。追手の猟師をだますために、足跡を重ねて後戻りし、横道で待ち伏せする話は有名。
【脚力】 時速50キロで走り、木登り、泳ぎもうまい万能型哺乳類。

【ツキノワグマＶＳヒグマ】

ツキノワグマは、本州に生息しています。体重は50〜100キロで、胸の三日月模様が特徴です。一方、ヒグマは、北海道に生息し、体重は100〜400キロで、日本最大の陸上哺乳類です。餌食は、どちらも植物食傾向の雑食性です。食味は、プロでも違いが判らないほどですが、ツキノワグマのほうが５割ほど高値で取引されます。

【熊の手料理とは】

中国の伝統料理・満漢全席（コース料理）に出される熊の手は珍味として有名です。調理法は、熊の手を茹でて、毛を抜き、中に詰め物をして形を整えます。毛を抜くのは、シェフ泣かせの仕事で、1頭分をペンチで抜くと確実に腱鞘炎になります。中国では、野生の熊の捕獲が禁止されているため、日本に熊の手料理を食べにくる観光客も増えています。

【熊肉が臭いことが多い理由】

熊の肉は、鹿や猪と比較して、臭いといわれることが多くあります。
以下が理由として考えられます。※猟師の経験値を基にした情報です。

1、鹿や猪と比較して、血が少なく濃いので、臭くなりやすい。
2、仕留めた後に、猟師が下山を急ぐため、血抜きが不十分になりやすい。
3、銃猟（追跡猟）で山を超えるため、回収に時間がかかり、肉の温度が上がる。
4、猟師が一人で捕獲から施設運営をしている場合が多く、技術や知識が不足している。

ジビエ動物図鑑

アナグマ

学名：*Meles anakuma*

※クマではありません。イタチ科です。

【目】	視力は弱く、人間が近くにいても気が付かない程。
【鼻】	嗅覚が優れている。土中のミミズなどを掘り当てられる。
【爪】	シャベルの役目をする大きな爪。
【性格】	気性は大変荒く、箱罠に掛かると、激しく抵抗する。そのため、猟師は、止め刺し＊を躊躇することがない。一方、タヌキは、気絶してしまうほど臆病なため、猟師が同情して、逃がすことも。
【脚力】	足は遅いが反射神経はよく、猟犬も噛みつかれることがある。

【猪の脂の１０倍旨い！？】

アナグマは、秋口から脂がのり始め、10-30ミリの厚さになります。融点が低く、口の中で溶ける脂は、ジビエNO.1ともいわれます。時々、パクチーや松の葉の香りがします。

【同じ穴の狢（ムジナ）とは】

ムジナとは、おもにアナグマのことです。 穴を掘ることができないタヌキが、穴掘りの上手な アナグマの古い巣穴を利用したり、同居したりすることがことわざの由来です。また、アナグマは、冬になると巣穴でトーパー（鈍麻状態）という、休眠状態に入ります。体温を一時的に環境温度まで下げ、心拍数も通常の半分にして、消費エネルギーを節約します。

【調理法の進化】

以前は、ローストすることが一般的でしたが、融点の低い脂を美味しく食べるためには、ラルド（塩漬け）やパテ、鍋がおすすめです。ラルドしたアナグマを握りで提供するお寿司屋さんや、つくねで提供する割烹屋さんなど、新しいレシピが開発されています。

ジビエ動物図鑑

ハクビシン

学名：*Paguma larvata*

【顔】　額から鼻にかけ、白い線があることが特徴。
【目】　夜行性のため視覚は弱め。聴覚や嗅覚が優れている。
【指】　前後5本ずつ。これによって、4本指の動物と足跡を見分けられる。
【肛門】　敵に襲われると臭いのある液を分泌して威嚇する。
【会陰】　腺性器のそばに、ジャコウネコ科特有の臭腺がある。
【胴】　胴体も尾も細長く、スリムな体型。電線を渡ることも可能。

【在来種か外来種か】

都市部の住宅街や寺の境内などで見かける小動物です。中国から来た外来種か在来種かは不明で、移入時期も分からないため、特定外来種*には指定されていません。しかし、果実園などに多大な被害をもたらすため、駆除の対象となっています。

【某有名店・料理長の一言で大ブレーク！】

最近、シェフの間で、肉がフルーティーと評価され、問い合わせが多くなっているジビエです。中国では古くから高級食材とされ、日本では2000年にテレビで、某高級すき焼き店の料理長が絶賛したことから人気に火が付きました。

【ハクビシンと似ている小動物の見分け方】

＊印＝「ジビエ用語集」参照

ジビエ動物図鑑

ヌートリア

学名：*Myocastor coypus*

※特定外来種

【歯】	げっ歯類特有の強力な歯は、鉄分が含まれオレンジ色に。タバコのヤニを想像させるため、関西圏では、「おじさん」の愛称が。
【毛皮】	柔らかい上質な毛皮が取れるため、第二次世界大戦、軍隊の飛行服の裏地にするために輸入された。戦後逃げ出した個体が野生化して増殖。
【尾】	ビーバーのようなオール型の尻尾ではなく、ネズミ型の長細い尻尾。
【手足】	前足は、器用で物がつかめる。後ろ足には、水かきが付いている。陸上での動きは鈍い。
【乳首】	子育てを水中で行うことがあり、水中で授乳を行えるように乳首が背中側に付いている。
【生殖】	いつでも発情・交配できる。生後1年で初産が可能で、年間６～８頭と高い繁殖率を持つ。
【胃袋】	特殊な消化器官をもち、水草や雑草でも消化できる。消化酵素が注目されている。

【世界の侵略的外来種ワースト100】

畑を荒らし、土手に巣穴を作り決壊させることで、不名誉なワースト100位に選ばれた特定外来種*。驚異的な繁殖力で西日本を中心に増殖中。毛皮で覆われている割に寒さに弱い動物です。

【カピバラＶＳヌートリア】

どちらもテンジクネズミの仲間で、南米原産です。見分け方のポイントはサイズです。カピバラは、世界最大級のネズミで、豚くらいの大きさ！体重も35〜65キロくらいありますから、ヌートリアの10倍くらいです。また、ヌートリアは長い尻尾がありますが、カピバラにはありません。どちらも性格は穏やかで、ペット向けですが、当然ヌートリアは日本では飼えません。

【捕獲方法】

まず90センチ角の発泡スチロールの上に箱罠*を乗せて固定します。檻罠にはニンジンなどの根菜類を入れます。池や川に装置を浮かべて、流されないよう紐をつけます。好奇心旺盛で、縄張り意識が強いヌートリアは、必ず発泡スチロールに上がってくるので、簡単に捕獲できます。

＊印＝「ジビエ用語集」参照

ジビエ動物図鑑

鴨

学名：*Anatidae*

【脳】 知能は低い。ただし、毎年同じ場所に戻る帰巣本能は驚き。

【目】 鳥目というのは、まったくのウソでかなり見える。実際に明るい月夜は、無双網を仕掛けても逃げられる。

【羽】 オスの羽は、大変美しく、ブラシや毛ばりに使われる。

【砂のう】 いわゆる砂肝。鴨猟は、米などで寄餌し、太らせてから捕獲する。そのため、捕獲時には、大量の米が砂のうに詰まっている。

【肛門】 脂ののり具合は、肛門周り（ボンジリ）の毛を毟り、色と感触で確認する。

【肝臓】 鴨は、翼が短く、飛行に膨大なエネルギーを必要とする。そのため、皮下脂肪だけでなく、肝臓に栄養を貯めることができる。フォアグラは、鴨が脂肪肝になる習性を利用して作られる。

【銃猟 VS 罠猟】

捕獲方法は、銃猟と罠（網）猟の２種類です。銃猟は散弾銃を使用しますが、内臓等が傷むため、レストランでは不人気です。一方、罠（網）猟の場合、無双網*という畳サイズの網を被せ、一網打尽にします。おびき寄せるために、１か月間米を撒きます。猟は夕方～深夜に行い、一度の猟で１００羽以上獲れることがあります。

【鴨はいつが美味しいか】

11月から12月中旬までは、留鳥*であるカルガモが、脂がのりやすいので、おすすめです。12月中旬からマガモのオスは、1月から始まる繁殖期に向けて、「食溜め」をし、脂がのります。1月中旬になるとオスは繁殖行動でエサを食べなくなり、痩せてきますが、逆にメスは産卵のため太り始めます。ただし、寄せ餌をしている場合は、例外もあるので、体重とボンジリの脂の乗りをチエックします。

【鴨の筆毛とは】

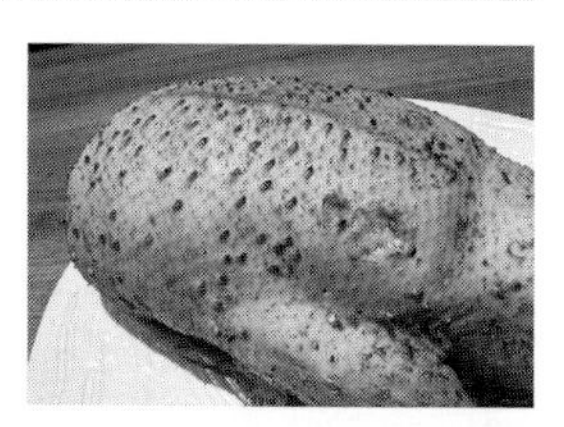

鴨の毛剥きをしているときに、大変なのが、「筆毛」です。形は薄いストローのような形で、色は白や黒です。筆毛の中には、脂分があり「臭み」の原因にもなります。ここから羽が出てくるわけですが、皮の下にも埋没している為、ピンセットで１本１本抜くしか方法がありません。基本的には、筆毛の時期の鴨を購入しないことがよいのですが、鴨ワックス*を使用すると、筆毛もきれいに取れます。是非一度試してみてください。

＊印＝「ジビエ用語集」参照

ジビエ動物図鑑

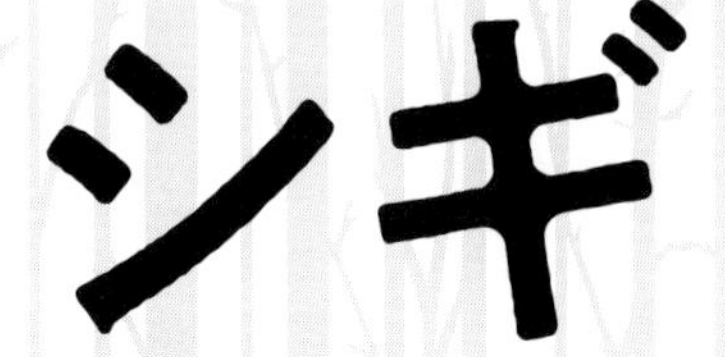

学名：*Scolopacidae*

【嘴】　細長いのが特徴で、土の中にいるミミズや虫を食べる肉食性。

【目】　頭部の後方に寄っており、ほぼ360度の視界を持つ。

【羽毛】　黒、赤褐色、グレーが混じった細かいまだら模様でカモフラージュされ、ハンターでも見つけづらい。

【首】　他の鳥に比べると短めだが、警戒しているときはよく伸びる。

【尿】　逃げるときは、「ジェーッ」と鳴きながら、放尿する。

【一生に一回はたべてみたいジビエ】

「ジビエの王様」と称される人気食材で、フランス語ではベキャス。捕獲数が少なく、希少なため、１羽の市場価格は5000～10000円と高値で取引されます。ヤマシギとタシギの２種で、特にヤマシギは、入手困難です。肉は赤身で、骨は柔らかく噛みこたえがあり、唯一無二の香りと旨味があります。内臓や脳みそが珍味で、サミルソースとして使用され、アンチョビのような味わいです。

【狙撃手の由来】

シギは、ジグザグに飛ぶため、撃つのが非常に難しい鳥です。狙撃手（スナイパー）の語源は、シギの英名「スナイプ」から由来しています。海外では、散弾銃を使用しますが、日本では、エアライフルの4.5ミリ弾を使用します。狙う個所は、ネックです。ヘッドショットは脳みそが使えなくなり、価値が下がります。

【シギ撃ち名人の話】

「シーズンでタシギを２０羽ほど撃ちます。朝から夕方まで車で流し猟*です。裸眼で探し、双眼鏡で確認してから、距離を詰めます。30～50mから空気銃でネックを狙うため、成功率は３割ほどです。ちなみにヤマシギはほとんど獲れません。食べ比べると、ヤマシギのほうが大きいので食べた感があります。タシギは小さいので、骨ごと食べちゃいます。味はほとんど変わりませんね。獲りすぎると来年帰ってこなくなるので、適度な狩猟をするようにしています」

ジビエ動物図鑑

カラス

学名：*Corvus*

【嘴】	嘴と脚の指を器用に使い、水道の蛇口をひねることもできる。
【目】	五感のなかでも圧倒的に優れている。赤緑青に紫外線を加えた４原色で見ている。
【脳】	人間の４歳児に相当する頭脳をもつ。クルミを車に割らせて中身を食べる話は有名。
【羽】	黒よりも瑠璃褐色に近く、とても美しい。
【胃袋】	ハシブトガラスは動物食傾向、ハシボソガラスは、植物食傾向。
【脚】	ピョンピョン（ホッピング）跳ねるように移動するため、よく発達している。

【突然のカラスブーム到来】

アンジャッシュの渡部さんが食レポをする「渡部の歩き方」という番組で、「カラスの炊き込みご飯」が紹介されました。これをきっかけに、今まで見向きもされなかったカラスが年間800羽まで売れるようになりました。リピート率も高く、「不味い鳥」から「美味しい鳥」に大きくイメージが変わったジビエです。

【シェフの苦労話】

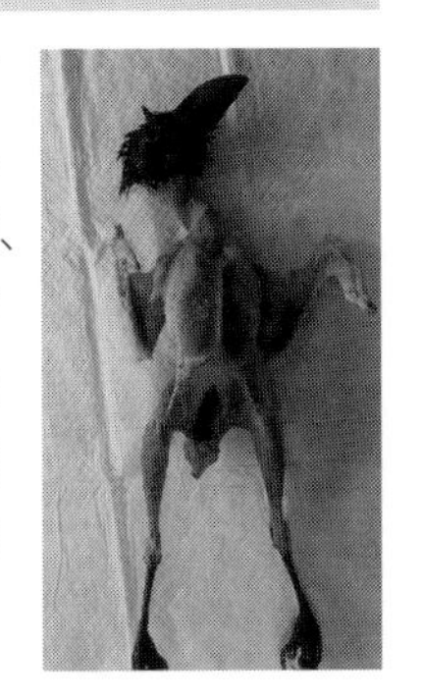

「最近は、処理施設で毛剥きをしてくれますが、当時は、お店の裏で毛剥き作業をしていました。近所の方には絶対に見られてはいけないので、急いで毛剥きをしていました。すると、電線にカラスが集まり始めて、「カァ〜カァ〜」と威嚇するのです。最後には20〜30羽集まり、大合唱になりました。仲間を思う意識が強い鳥なんですね。あまりの怖さに、途中でやめたのを覚えています」

【食べた人のコメント】

「鳩のような感じで、赤身が強い。鹿のレバーに近い風味」「皮は固く、内臓は苦かった。肉は地鶏に近いかな？」「今まで食べた鳥の中でもランク上位。街中のカラスを見る目が変わった」「見た目と味のギャップがすごい。感動しました」

ジビエ動物図鑑

トド

学名：*Eumetopias jubatus*

【視力】	動体視力はよい。犬と同じくらいといわれる。
【耳】	あまりよくない。小さな穴があいているだけ。
【牙】	セイウチとよく間違われるが、牙がないのが特徴。
【声】	鳴き声がとても大きく、海の上では数km先まで聞こえる。
【皮膚】	皮下脂肪が、体重の50%と哺乳類最大。
【嗅覚】	トドの母親は、鋭い嗅覚で自分の子どもを見分ける。
【ひげ】	入り組んだ岩礁や暗い海底で餌を探すときに活躍。
【体】	水中では25〜30kmの速さで泳ぐ。潜水能力にも優れ、約10分の潜水ができ、深度は、最大300mに達すると言われる。

【海のギャング】

食性は、肉食で魚介類を食します。網にかかった魚を奪うため、「海のギャング」と漁業関係者からは恐れられています。毎年500頭が駆除されています。1950年代に駆除のため、航空自衛隊のF-86戦闘機による機銃射撃が行われた話は有名です。

【魚の味がする哺乳類？】

以前は「不味い肉」と悪評でしたが、血抜きに気をつければ、臭みがない良質なジビエです。食味は固めの輸入牛、脂はサンマの香りで、大変不思議な味がします。若い個体の肉は赤色、大きな個体は赤黒くなります。調理方法は、未開拓で、煮込みを中心に、網焼き、カツなど、シェフが試行錯誤している状況です。

【700 キロの個体を解体する】

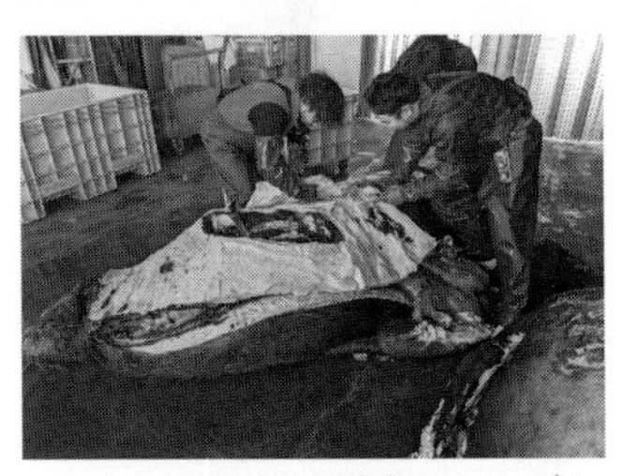

有名な捕獲地は小樽の「トド島」です。船で接近し、ライフルで射撃します。しかし、海に落ちてしまった個体は沈んでしまうので使えません。陸上で止め刺し*した個体を、港に運び、海中で血抜き後、トラックで処理施設まで運びます。解体は、700キロの個体の場合、３人がかりで５時間かかります。全体が脂に覆われ、胴が長いため部位の区別が難しい動物です。

ジビエ動物図鑑

アライグマ

学名：*Procyon lotor*

※特定外来種

【目】	視力は、あまりよくないが、夜間視力はかなり優れている。
【手】	食物を洗う仕草は有名だが、ただ確認作業をしているだけで、きれい好きではないようだ。
【糞】	アライグマは、一定の場所に排泄する「タメ糞」と呼ばれる習性があり、悪臭を放つことで有名。
【尻尾】	毛皮はラクーンと言われ、帽子などに重宝される。
【脚】	かかとをつける歩き方をするため、子供の手のような長い5本の指がくっきりとつく。四肢に水掻きはないが、泳ぐことが可能。また、後ろ足で立ち、木登りもうまく立体的な行動をみせる。

【アメリカでは狩猟対象】

英語圏では、ゴミを漁る様子と、パンダに似た色模様からゴミパンダ（trash panda）の異名があります。北米では狩猟・駆除の対象とされています。気性は大変荒く、箱罠*に掛かったときの抵抗は半端がありません。

【『あらいぐまラスカル』の贖罪】

アニメ人気を受けて、ペットとしてアメリカから大量に輸入されました。しかし、野外繁殖し、北海道・静岡などで爆発的に増殖中。野外繁殖の理由は諸説あります。

①手先が器用で、脱走の名人。

②気性が荒く、人に慣れないため、飼いきれずリリース。

③アニメの最終回「動物は自然の中で暮らすのが一番良い」という考えに賛同した飼い主がリリース。

【アライグマブームが来るか？】

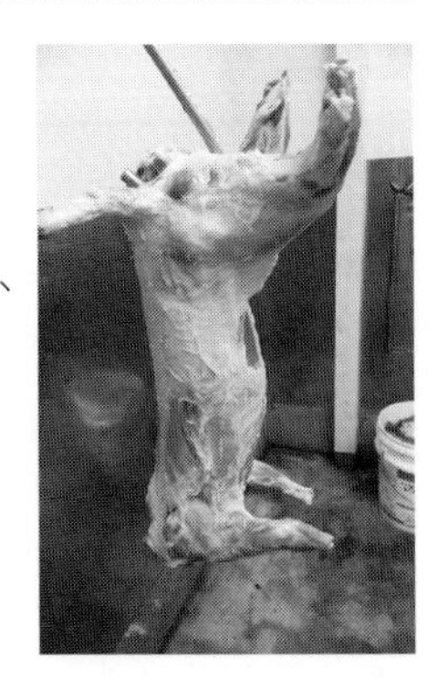

令和５年の１月に芸能人の格付け番組で、ロックシンガーのＧＡＫＵＴＯさんが「アライグマの肉旨い」とコメントしたことから、大ブレーク。翌日から注文が殺到しました。今では、入手困難食材に！食べたシェフからも高評価ですが、世代により拒否反応もあります。

＊印＝「ジビエ用語集」参照

ジビエ動物図鑑

キョン

学名：*Muntiacus reevesi*

※特定外来種

【顔】	ペットにしたいくらいの可愛いさ。しかし、夜間に「ギャー」と不気味な声で吠えるため、住民からは不気味がられている。
【角】	二股にはならない１本角。
【目】	目の下に臭腺があり、目をつぶると、４つ目に見えることから「四ツ目鹿」の別名がある。
【皮】	なめし皮はきめが細かく、セーム革の中でも最高級品とされ、楽器やカメラレンズ、骨董品、刀剣などの手入れに利用される。
【脚】	跳躍力は高さ80ｃｍで、防御柵を余裕で飛び超える。
【牙】	5～6ｃｍの牙が、雄雌ともにあり。

【超高級食材】

キョンの肉は台湾では末端価格で100g/3000円の超高級食材。味はあっさりとしていてクセがありません。高タンパク低脂質に加えビタミンBが豊富です。これから注目のジビエです。

【なぜキョンは狩猟鳥獣に指定されないのか？】

キョンを狩猟鳥獣に指定すると、狩猟圧により県外に拡散したり、狩猟のためにキョンを県外にリリースするハンターが現れたりし、かえってキョンの生息域が全国区になってしまいます。そこで環境省は、キョンを狩猟鳥獣に指定せず、「千葉県封じ込め作戦」を展開。これは、ブラックバスが全国に拡大してしまった苦い経験からと言われています。

【キョンの歴史】

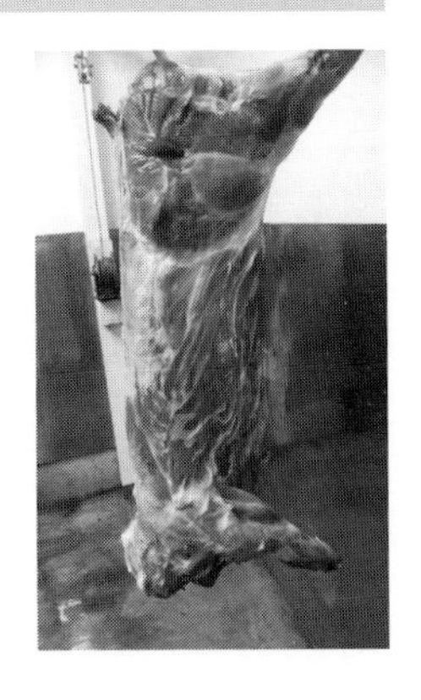

名前の由来は、中国語の「羌」から。八丈島と千葉県の動物園で飼育されていた個体が逃げ繁殖しています。現在、千葉県・勝浦市やいすみ市の住宅地では、昼間でも普通に見られるほどです。周年繁殖でき、罠に掛かりにくいため、急激に増加し、7万頭まで拡大しています。

ジビエの美味しさを探る

牛肉・豚肉・鶏肉などの家畜には、厳格な規定や基準がありますが、ジビエ業界では、やっと衛生基準が策定されるなど、発展途上の食材です。特に食味（美味しさ）については、ほとんどが主観です。今回はボンジビエ委員会＊の協力で具体的なジビエの美味しさを調査しました。

美味しいジビエを解剖する

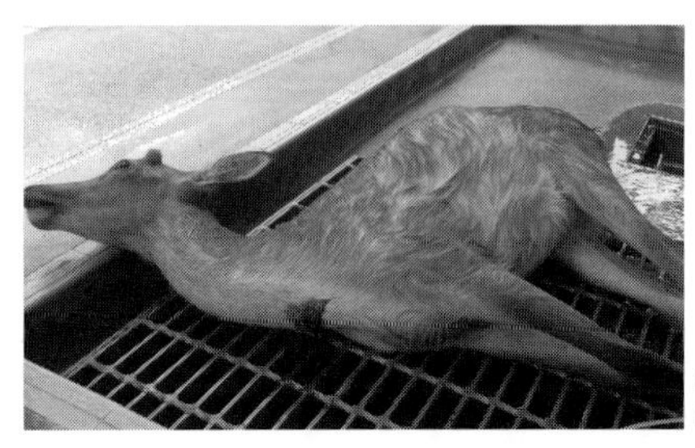

生きたまま搬入され、頸動脈を切られた鹿

ジビエに「臭い」「固い」「不味い」の印象を持っている人が多いようです。一方、「人生で最高のジビエと出会った」「これまでのジビエの概念を覆した」といわれるジビエも存在します。なぜ美味しいジビエ、不味いジビエが存在するのでしょうか。ジビエの不思議を紐解いてみました。

【家畜とジビエ】

まず、食肉の品質は「肉色」「風味」「保水性」「締りが良くきめが細かい」「脂肪の色と質」の５点で決定されます。次に、家畜の食肉とジビエの差は、なんでしょうか?答えは、捕獲から止め刺し*までの「ストレス」です。家畜を屠殺する場合、ストレスは、最小限に抑えて行われていますが、野生の鹿・猪は、捕獲された後、数時間暴れています。これにより、筋肉中の乳酸が、急激に蓄積され、ミオシン等の筋原線維タンパク質の変性が起こり、肉質に大きく影響を与えています。

【ジビエができるまでの手順】

ジビエは①捕獲、②止め刺し＊、③運搬、④解体という手順で進められます。各過程に潜む問題点を挙げてみます。

①**捕獲**：箱罠*・くくり罠*・銃の３種類があります。肉へのダメージが一番小さいのは、獲物に気づかれずに、銃で頭か首を一撃し、すぐに放血する方法です。または、生け捕りして、処理施設まで運搬し、止め刺しする場合もあります。逆に、ダメージが大きいのは、獲物が暴れることです。獲物が、止め刺し前に激しく動くと、体温が上昇し、筋肉のpHが酸性になります。さらに、pHが、5.8以下になると、肉は、白く、水っぽく変化し、いわゆる肉焼け*と呼ばれる劣化状態になります。どの捕獲方法がいいかはケースバイケースです。

	メリット	デメリット	注意点
箱罠	生きている状態で止め刺しができる。	発見が遅れると箱内で暴れるため、肉質に影響。	第三者を近づけない。
くくり罠	生きている状態で止め刺しができる。	発見が遅れるとパニック状態で暴れるため肉質に影響。	くくられた脚は、うっ血して使用不可。
銃（巻き狩り・犬猟）	作業効率が良い。	追いかける時間が長いと肉が焼ける。自家消費が多く、処理施設に搬入されることが少ない。	いい猟犬が必要。
銃（忍び猟）	休んでいる獲物を狙うため、ストレス減。	作業効率が悪く、運搬時間が長い。	狩猟歴が浅いと難しい。

②**止め刺し**：電気ショッカー*を利用し、失神させてから、ナイフで頸動脈を切ります。または槍で頸動脈を切るか銃で頭を撃ちます。基本的には、心臓が脈動し、十分に放血させることが大切です。放血が不十分だと、多発性出血斑（シミ）が肉に発生します。また、残血により、微生物の増殖を招くため、腐敗が早まり、肉に臭みと苦みを増す要因となります。

③**運搬**：軽トラックに載せて、処理施設まで１～２時間で搬入します。大切なのは、この間に内臓の温度をあげないこと。内臓温度が高くなると、腸壁からアンモニアが浸透し、臭みの要因となるからです。

夏は、冷蔵車で運搬した場合も、内臓温度が下がりきらないため、現地で内臓を抜くこともあります。

④**解体**：手順としては、内臓落とし→体内洗浄→皮むき→死後硬直の解除→脱骨→食肉となります。衛生上、内臓落としの前に皮むきをする場合もありますが、時間の経過とともに臭みが肉に移る危険性が高くなります。美味しい肉を作るのに、素早い内臓摘出は必須。止め刺し後30分以内が望ましいです。

美味しいジビエの作り方７か条

1，捕獲後の暴れる時間を、極力短くする。
2，止め刺しを素早く、的確にする。
3，運搬には冷蔵車を使用する。または温度管理を徹底させる。
4，外皮を高圧洗浄機等で、きれいにする。
5，内臓摘出は、最重要。最短時間で適切に行う。
6，内部を洗浄する際に、血だまり等を抜く。
7，冷蔵庫で速やかに冷却する。できれば急速冷凍*が望ましい。

＊印＝「ジビエ用語集」参照

4種の鹿肉食べ比べ

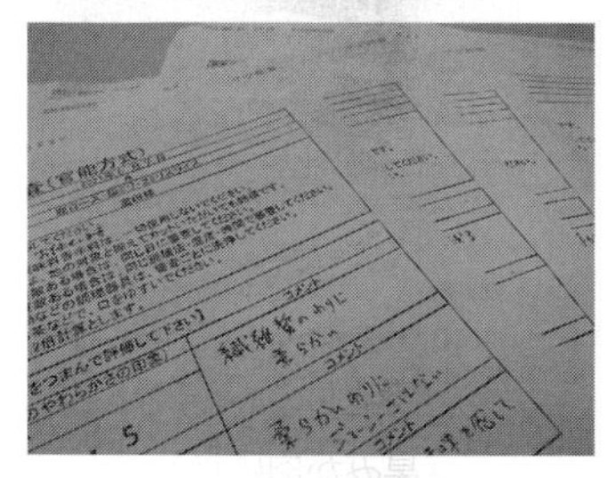

官能方式はシェフの味覚も試される。
鹿４種の品評会。審査員：室田拓人シェフ、井口隆之シェフ、岸井悠士シェフ、樫村仁徳シェフ

今回は、シェフからよく質問を受ける、エゾ鹿とホンシュウ鹿の違いを中心に、千葉県で爆発的に増殖している「キョン」と屋久島で急増している「屋久鹿」の食べ比べをします。

※質問者GMは、GIBIER MARCHE（ジビエマルシェ）の団体名の略です

GM： 調理担当は井口シェフです。すべてロース（冷凍）で用意しました。

井口： たのしみですね。ボイルしますか？ローストしますか？

GM： まず、食味審査同様に、２ミリスライスでボイルしてください。残りは塩コショウのローストでお願いします。

※審査中　牛肉の等級審査と同様の官能方式を用いて審査します。どの鹿を食味しているかをシェフには知らせません。

GM： 結果ですが、以下の通りです。各処理施設の価格も公表します。

審査点数	価格
エゾ鹿：19.0	キロ@4000
キョン：15.6	キロ@4000
本州鹿：17.2	キロ@2700
屋久鹿：15.4	キロ@10000

岸井：全部当たりました！キョンは店で利用しているので、わかり易かったです。柔らかさと肉の緻密さはダントツですね。ミルキーなお肉で仔牛に近いと思います。

GM： キョンは、大きさが柴犬くらいなので、通常枝肉*での取り扱いですが、今回はロースをいただきました。ハンター系の食肉処理施設*です。

井口：確かに美味しいです。誰が食べても美味しいというでしょうね。良い意味でジビエ感がないですね。

室田：これは別物ですね。鹿と違うジャンルのお肉ですね。

GM： 次にエゾ鹿ですが、産地は根室で、牧場の柔らかい牧草を餌食しているので、肥大し、かつ海風からのミネラルも豊富なのが特徴です。解体担当者の目利きがとてもいい処理施設です。

樫村：個人的に好きです。ワイルド感があります。ソースを強くしても負けないし、ワインとよく合うと思います。

室田：僕は個人的にエゾ鹿が好きです。店でも本州鹿よりエゾ鹿を使っています。

GM： 次は本州鹿です。宮崎県産で、前回の食味審査トップの処理施設です。

井口：食べた時の満足感と癖のなさのバランスいいですね。最高点です。

岸井：これはシンプルに炭火ですね。塩と胡椒だけでいい。

室田：とてもニュートラルです。牛に近くて誰でも食べられますね。しっかりしたジビエ感もありますね。

GM： つぎに屋久鹿です。屋久島には、処理施設が２か所しかなく、捕獲数も少ないのでかなり希少なジビエです。

室田：ちょっと嫌なジビエ感がありますね。ネガティブじゃないけどギリギリですね。

樫村：私は屋久鹿に最高点です。どうしてもワインを考えるとこのくらいのインパクトが必要な気がします。

GM： キロ＠10000円ですが・・・

岸井：僕は、使いたい。うちのお客さんには、「屋久島産」が売りになります。

GM： つぎに塩コショウだけで、ローストした4種を試食してください。

井口：屋久鹿のロースは、2本届いていましたが、2本目のほうが綺麗です。

室田：処理が安定してないのかもしれませんね。もったいない。

樫村：う～ん。さっきより美味しいですね。

岸井：エゾ鹿はローストすると、汁がすごいですね。見た目はエゾ鹿だね。

室田：このエゾ鹿がキロ＠4000なら使いたいです。

井口：ここの本州鹿は、普段使っていますが、トリミング・味どちらも凄いです！

室田：僕は、あまり掃除してほしくないですが、この処理施設は、いい仕事をしていますね。

樫村：私のところは、ポーション200ｇのカットで、真空冷凍してもらっています。席の回転数を意識しているので、厨房の手間を省きたいですね。

岸井：キョンは、シンプルにローストすると、さらに柔らかさが際立ちますね。

全員：これはやはり別物のジビエですね！

GM： 今回は、お忙しい中ご参加ありがとうございました。お店の形態やシェフによって、さまざまなニーズがあることがわかりました。

ボンジビエ委員会まとめ

すべてのお肉がハイレベルで、臭みなどはありませんでした。エゾ鹿とキョンを同じ土俵で、食味評価することは難しく、異なる食材として考えるべきです。ジビエ感（若干の血なまぐさ）を、どう評価するかは、シェフによっても意見が分かれるところでしたが、ジビエの面白さでもあることを再認識できました。料理のイメージとしては、本州鹿はランチかディナー向き。エゾ鹿は、ディナーまたはクリスマスなどの特別ディナー向き。キョンと屋久鹿は、常連様用やスポットがおすすめです。また、鹿の食べ比べもお客様にご提案すると面白いです。

※ボンジビエ委員会とは：
ラチュレの室田シェフが中心となり、美味しいジビエの普及・啓蒙をする団体。現在7名のシェフで構成されている。委員会では、新たなジビエの調理法、シェフへの講習会、処理施設の食味審査などを実施している。

話題のアナグマ VS. ヌートリア

恐るべしアナグマの脂。
美味しいがシェフ泣かせ。

ヌートリアのお肉はジビエ界で
ダントツ１位の美しさ。

審査員：井口隆之シェフ、荻野聡士シェフ、室田拓人シェフ

ジビエのなかでも、「猪脂の１０倍美味しいといわれるアナグマ」と「今年ブレイクするジビエNO.1といわれるヌートリア」を３人のシェフにじっくり堪能していただきます。調理は３人のシェフにお願いしました。

※質問者GMは、GIBIER MARCHE（ジビエマルシェ）の団体名の略です

ＧＭ：誇大評価が気になりますが、まず、枝肉*をばらしましょうか。

井口：アナグマは脂の塊ですね。

荻野：初めてのシェフは、びっくりしますね。熊に近いのかな。

井口：脂が多くて、筋が見つからない・・・。

荻野：肉１センチに対して、脂２センチありますよ。

井口：脂は、少し独特の香りがありますね。

＊印＝「ジビエ用語集」参照

ＧＭ：調理はどうしますか？

井口：まずは、ローストでいきましょう！

荻野：僕は、鍋にしたいから、薄く切ります。

室田：すみません、遅れました。あれ、アナグマを焼いていますか？

全員：え〜、わかるんですか？

室田：そうですね、ちょっと独特な香りがするのでわかります。

ＧＭ：室田シェフは毎年アナグマを何頭くらい調理しますか？

室田：年間２０頭くらい仕入れています。やはりお客様からの希望が多いですね。僕はローストより燻製・煮込みにするほうがいいと思います。ラルドがおすすめです。

ＧＭ：では、アナグマ・ローストの試食です。現地ではブルーベリー畑を荒らした個体だそうです。

荻野：初めて使う食材ですが、ほとんど脂で正直驚きました。しかし、口のなかで溶けるので、重さは感じないですね。噛めば噛むほど味が出るので、ホルモンにも似ています。

井口：食味は、猪の1.5倍くらいかな。甘みがありサラッとしていて、明らかに屠畜の脂と違いますね。

室田：アナグマの売りは脂のうまさ。体がほぼ脂なので、色々なレパートリーがないと歩留まりが悪くなります。僕は骨でフォンまでしっかりとります。

荻野：しゃぶしゃぶかな〜。セリとか香味野菜と合わせると美味しそうですね。

井口：コースの店ならいいですが、アラカルトはきつい。２切れで充分かな。

ＧＭ：次にヌートリアです。残念ながら、尻尾切られていますね。

井口：うーん、胴長い兎だな。尻尾切られていると、ヌートリアとはわからない。

荻野：兎よりやや赤みが強いですね。肉の色は抜群ですね。

室田：いい意味で、水分を含んでいますね。鹿より多いですね。

荻野： 筋が目立つけれど、個体が小さいので、気にならない程度です。臭みは全然ないです。期待できますね。繊細そうなので、火入れ要注意ですね。

井口： アバラ骨でチューリップにして、揚げちゃいましょうか？

荻野： 残りは軽く湯煎します。

室田： 名前がいまいちなんだよな〜。

井口： 名前を河狸とかなんか、変えたほうがいい！

GM： では、ヌートリアの試食です。岡山県では、鹿より美味いといわれています。

荻野： うーん、鶏そのものですね。外見からは想像できない。

室田： 恐ろしく淡白ですね。ジビエ好きには、パンチ不足ですが、ジビエ初心者には最適。個人的には、名前と外観がダメ。

井口： 良く言えば、だれでも食べられる。悪く言えば、味が薄いかなぁ〜。外見と味のギャップなら、ジビエ専門店におすすめ。

荻野： うちの店では、ちょっと無理です。すみません。

GM： 皆さん、遅い時間にありがとうございました。アナグマは、予想通りのコメントでした。ヌートリアは、食べやすいけど、普通過ぎると意外な結果でした。

【食味審査結果】

	柔らかさ	多汁性	うま味	香り（肉）	香り（脂）	合計点
鹿	3.1	2.8	3.0	5.0	4.3	18.2
猪	3.2	3.4	3.3	5.1	5.1	20.1
アナグマ	2.6	3.6	3.0	6.0	6.0	21.2
ヌートリア	5.0	4.0	3.0	3.4	4.5	19.9

※鹿と猪は、ボンジビエ委員会で審査した処理施設の平均値です。
※各項目5点満点で、香りは、1.5倍で算出します。

ジビエ最新レポート

熊の急増とOSO18の謎を追う

ジビエ業界は、熊騒動に振り回された1年でした。ＯＳＯ18を筆頭に、アーバンベア＊出現により人身事故が毎日のようにニュースとなりました。保護と駆除の論争、野生との共存の難しさを考えさせられるレポートです。

〈インタビュー〉

ツキノワグマ急増の原因

令和５年は、熊による人身被害が過去最悪となっています。環境省によると12月末時点で、被害者は217人で、6人が命を落としています。ニュースでは、人里近くに暮らす、いわゆるアーバンベア*の存在が話題になっています。人身被害と動物保護の問題を、熊猟師・佐藤さんに伺いました。

※熊駆除批判を考慮し仮名とします。
※質問者GMは、GIBIER MARCHE（ジビエマルシェ）の団体名の略です

ＧＭ：今年はブナが大凶作でした。駆除頭数と関係がありますか？

佐藤：あるね。県内では昨年５０頭だったけど、今４４０頭駆除してる。約８倍だね。県内のブナは、大凶作までは行かない凶作だったけど。

ＧＭ：それでもすごい数ですね。他に理由がありますか？

佐藤：３～４年前に、出産ラッシュがあって、その時の子グマが、３歳になって親離れしたのが原因。

ＧＭ：山での生息密度が高くなって、テリトリーのない若い個体が、里山に降りてきていますか？

佐藤：うーん、今年はそれより、その親熊も、里山の近くに住んでいるイメージかな。

ＧＭ：いわゆるアーバンベアですかね？

佐藤：こっちでは「新世代ベア」って呼んでるけど。

ＧＭ：新世代ベアの特徴は？

佐藤：人と車に慣れてる。音にも驚かない。３歳だから好奇心も強いし、やんちゃな個体が多いよね。

GM：熊鈴の効果は？

佐藤：地元の人は、外出時は基本的にみんな着けている。小学生は３個とか。効果はちょっとわからないな〜。山菜獲りの人は、動かないから、ラジオのほうがいいね。

GM：体重はどうですか？痩せている？

佐藤：いやいや、結構普通サイズだね。柿とトウモロコシを食べてるから。

GM：ちょっと意外。捕獲方法はどんな感じですか？

佐藤：一つは、猪のくくり罠*に錯誤捕獲*で掛かる場合、二つ目は、熊用の箱檻*に掛かる場合。

GM：錯誤捕獲は、かなり怖いんじゃないですか？

佐藤：半端ないね。15〜30mは離れて、撃つようにしている。

GM：ライフルですか？

佐藤：スラッグ弾。ウクライナ侵攻で、ライフル弾代が高くて使えないよ。１発1600円くらいするから。できたらライフル使いたいけど。

GM：箱檻の場合は、誘引はハチミツですか？

佐藤：こっちは米糠だね。ただ、あんまり発酵しちゃうと、肉に臭みがでるから、気を付けないとだめだね。

GM：箱罠で捕獲した後、放獣はしないのですか？

佐藤：県・市町村で対応が違う。長野県なんかは、必ず放獣。２回目は捕殺される。こっちは市町村に連絡だけ。放獣している余裕がない。

GM：それ以外に市街地にも出てきますよね？その時は？

佐藤：市街地の熊は、パニックになっているから、要注意だね。要請があったら、まず、警察と消防・猟友会で本部を立ち上げてもらう。

それからマップ作り→封鎖→パトロールの順。

GM：見つけたら？

佐藤：麻酔銃。でも10分は効かないからね。普通撃ったら、向かってくるからね。必ずバックファイヤーをお願いする。

GM：補助員ですね。麻酔銃撃つ担当者は怖いですね・・・。

佐藤：怖いさ～。だからバックファイヤーに「絶対外すな！」って。

GM：やっぱりライフルは扱いにくいですか？

佐藤：警察が跳弾嫌がるよね。さらに取り回しが悪いし、やっぱり連射できないとこが大きいね。こっちがやられちゃうもん。

GM：今まで危ない目に合っていますか？

佐藤：熊に襲われたのは３回だね。

GM：多すぎません？

佐藤：猟師失格かな。

GM：熊と対峙したときの対処方法を教えてください。

佐藤：死ぬ気で逃げること。

GM：それ一番ダメな奴ですよね。

佐藤：いや、まじめに最後はこれだよ。10m開けば、あきらめてくれる。

GM：本当ですか？

佐藤：３回襲われているから。こっちに向かってきた熊に、ゆっくり後ずさりなんか怖くてできないって。

GM：ブラフチャージ*の場合もありますよね？

佐藤：直前で止まってくれたこともあるけど、止まらないこともある。そんなこと考えている間に俺なら逃げるね。熊は４輪駆動だよ。瞬発力は犬よりすごい。気づいたときには横にいるね。

GM：うーん、対処方法が、猟師さんによって違いますね。

佐藤：確かに、間合いや、出くわし方、熊のサイズ、こちらの武装によって違うでしょう。

GM：では、10mで、50キロ以上の個体なら？

佐藤：逃げる。50キロ以下なら、後ずさりか、木の裏に隠れる。熊は意外に猪突猛進だから。

GM：結構生死にかかわる情報なので、他の熊猟師にも聞いていいですか？

佐藤：どうぞどうぞ。※後日同じ回答をした猟師が数名いた。

GM：熊が増えている要因はどうですか？

佐藤：猟師の高齢化と捕獲圧*の低下、山の雪が少なくて、すぐ溶けちゃう。結果穴持たず*が増えるかな。

GM：鹿の増殖とか、関係しますか？

佐藤：ある意味する。北海道は知らないけど、ツキノワグマが鹿を食害している感じはしない。だけど、鹿が熊の餌を食べちゃって、餌不足に陥っている可能性は否定できない。

GM：最後に、この状況を改善するために、何かいい方法は？

佐藤：伐採と植林だね。

GM：捕獲圧の強化とか、里山付近の草刈りはよく聞きますが、伐採と植林ですか？

佐藤：伐採しないから、小さな草木が育たない。本来熊の餌は、低木の木の実やツル性植物が多いんだよ。森の再生をしないとだめだね。後は春熊猟*とかね。

GM：なんだかニュースや学者さんの話と温度差を感じました。個人的には、リアルで貴重なお話でした。本当にありがとうございます。

＊印＝「ジビエ用語集」参照

OSO18出現の真相

2019年から2023年の４年間に捕獲されず66頭の牛を襲い、32頭を殺すという前代未聞のヒグマが現れました。なぜ、このような熊が現れたのか—その真相を探ると、いろいろな問題が見えてきました。

【ＯＳＯ 18 の名前の由来】

標茶町（しべっちゃちょう）下オソツベツの地名と、前足の幅が18ｃｍであることから、ＯＳＯ18というコードネームがつけられた。ＯＳＯ18は、体毛のＤＮＡ分析などから、襲った牛は66頭（うち32頭死亡）。なかなか捕獲されないことから別名「忍者熊」とも呼ばれるようになった。

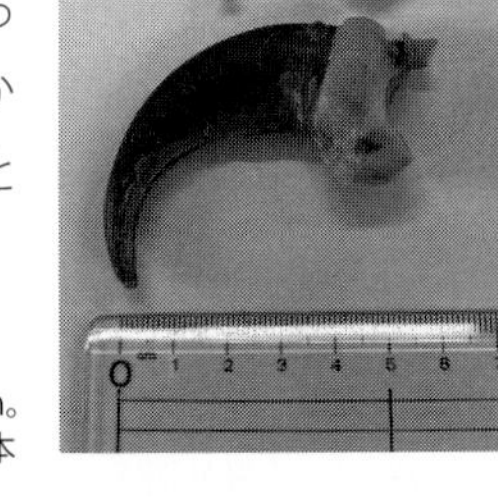

写真上の爪はツキノワグマ、下はヒグマの爪約7ｃｍ。ヒグマの爪は、魔除けのアクセサリーとして１本2000-5000円で取引される。

【驚愕の知能犯】

ＯＳＯ18は、箱罠の餌を取るのに、後足を箱罠の外に出し、前足で餌だけを取っていた。もし扉が閉まっても、脱出できることまで計算していたのである。また、移動時には、河原ではなく川の中を歩き、道路は横切らずに橋の下を歩くなど、痕跡を残していない。さらに、通常、熊は昼行性だが、ＯＳＯ18は、夜間に狩猟ができないことを逆手にとり、夜間だけに捕食・行動していた。

【牛を襲うＯＳＯ 18 が出現した理由】

①酪農の大規模化により、人の目が届かなくなったこと。
②デントコーンの作付面積が拡大したことで、農場と森が接近したこと。
③エゾ鹿の増加により、エゾ鹿の捕食やエゾ鹿の死骸をあさる機会が増え、肉食化したこと。

【初めてヒグマを駆除したハンター】

7月30日午前５時頃、釧路町仙鳳趾(せんぽうし)村オタクパウシの牧草地で、ハンターＡ氏（釧路町役場の農林水産課職員）は、大型の熊を発見。Ａ氏は、鉄砲を持つようになって4～5年だが、狩猟１年目から８０頭のエゾ鹿を仕留め、『腕がいい若手ハンター』と地元でも評判だった。しかし、ヒグマを駆除した経験はない。オタクパウシの牧草地では、２日前から出没情報があり、Ａ氏も気にはなっていた。人を見ても逃げなかったことから有害個体と判断し、ライフルを３発発射して駆除した。

【ヒグマの射撃方法】

頭蓋骨を横から見ると額の傾斜が緩いため、ライフル弾が貫通しないこともある。そのため、ヒグマ猟では、ネックまたは胸を狙う。Ａ氏は、お手本通り、１発目のネックで倒してから、２発・３発目で止め刺し*をしている。ヒグマは、死んだふりをし、反撃をすることがあるため、確実に止め刺しすることも重要。

【搬入した処理施設の話】

エゾ鹿の処理施設を運営し、ＯＳＯ18を受け入れたＭ氏は次のように語った。「当施設では、ヒグマの搬入はほとんどないのですが、Ａ氏から解体依頼があったため受け入れしました。サイズ的には、通常よりやや大きい程度で、年齢は１２〜１４歳。毛の密度が薄いことや、皮膚病を罹っていたこと、顔に傷があったことから、老熊だなと思いました。外見と比較し、肉質は良く、臭み等もありませんでした。ＯＳＯ18と判明後、６０社から取材依頼が入って、対応に一苦労でした」※後日分析の結果、推定9歳６か月と判別した。

【提供した飲食店では】

駆除が話題になる中、ジビエ料理店「あまからくまから」では、提供していた「ヒグマ肉の炭火焼」の肉が、OSO18だと判明。予約注文が殺到し、ＳＮＳでは、3万3000件以上の反響を集めた。同店では、あまりの反響に、まずアイヌの伝統行事でお清めしたあとに「カムイオハウ（熊鍋）」として提供した。オーナーの林氏は、「駆除されたからには、たくさんの人に食べていただきたかった。無駄なく全て使い切れたと思います」とコメント。

【９０頭以上ヒグマを仕留めた猟師の話】

「ヒグマの冬眠は、低温対策ではなく、飢餓状態から身を守るための生き残り方法だ。最近、温暖化でエゾ鹿が増殖し、捕食できるので、ヒグマが冬眠しなくなった。いわゆる穴持たず*が増えている。穴持たずは、雪深い場所にエゾ鹿を追い込み、立ち往生させ襲い掛かる。今後もエゾ鹿を餌食するヒグマが増えれば、肉の味を知った個体が、牛を襲う可能性は高い」

【愛護団体の意見】

ある動物保護団体は、町役場に対して、「OSO18が、牛を襲うのは夜に限られているので、夜間、牛を牛舎に収納したらどうか」と提案している。これに対して、町役場は、「夏の間、ずっと放牧しているので収納は不可能」と回答。さらに保護団体の、「ヒグマがデントコーン畑や牧場に侵入しないように電気柵や鉄条網の敷設をしたらどうか」という問いに対して町役場は、「敷地の広大さとコスト面で敷設は不可能」と回答している。これらの回答に対して、保護団体は、「バランスがとれていた自然界に人間が入り込み、熊問題の原因を作っている。熊を殺すこと以外の対応策を検討しないのは、人間の倫理観の劣化ではないか」と反論している。

＊印＝「ジビエ用語集」参照

ジビエの狩猟を知る

ジビエ食肉処理施設や猟師に従事する若い人が増えています。仕事内容や経済性などを詳しく取材しました。また、ラチュレの室田シェフに代表される、「ハンターシェフ」が注目されています。狩猟をした獲物を、捌き、料理として提供するハンターシェフ。その道のりは決して楽ではありませんが、究極の料理人かもしれません。

〈インタビュー〉

ジビエ食肉処理施設の開業と経営

最近、新たに処理施設を開業しようという方からのお問い合わせが増えています。そこで、黒字で処理施設を経営されている片岡氏に、経費と経営のポイントを教えていただきました。

※質問者GMは、GIBIER MARCHE（ジビエマルシェ）の団体名の略です

基本データ
名称：三次ジビエ工房
場所：広島県
タイプ：民営
スタッフ：3名
捕獲頭数：鹿300頭、猪100頭、その他30頭
設立：平成28年9月
面積：25坪

GM： 土地はどのように調達しましたか？

片岡： 実家所有の土地に建設したので、楽でした。

GM： 下水道はどうしましたか？

片岡： 汚水浄化槽を設置し、700万円　点検費2200円/月

GM： 近隣への説明はどうしましたか？

片岡： 町会（8-10名）で説明しました。農業被害があったので快く承諾いただきました。

GM： 建設・機材の価格を教えてください。

建築費	1000万円
汚水浄化槽	700万円
スライサー	47万円
ミンサー	48万円
金属探知機	100万円
ブラストチラー	70万円
まな板殺菌庫	20万円
プレハブ冷蔵庫①	100万円
プレハブ冷蔵庫②	80万円
冷凍庫	40万円
ストッカー	25万円
真空包装器	40万円
食品乾燥庫	90万円
冷凍車	40万円
その他	80万円
合計	**2480万円**

GM：補助金は利用しましたか？

片岡：三次(みよし)市の地域活性化補助金（1/2）を受けて作りました。

GM：借り入れは？

片岡：3000万円です。

GM：入荷先の確保はどうしましたか？

片岡：施設を作る前に、狩猟免許を取得し、猟友会の駆除チームに参加しながら、人脈を作りました。

GM：猟師との搬入価格はいくらですか？

片岡：鹿１頭@1000~8000円で、解体後に価格を決定します。しかし、猟師の高齢化で、５年後の仕入れの先細りが心配です。そのため、なるべく自分で捕獲しています。

GM：販売先はどうやって開拓しましたか？

片岡：自分でレストラン経営しているので、食材として卸しています。隣接の物産館でも加工品を販売しています。県内外の展示会やフェスティバル等にも積極的に参加し、販売先を徐々に増やしてきました。

GM：販売先の売り上げ構成比を教えてください。

片岡：直売30%、卸70%

GM：食肉とペットフードの比率は？

片岡：スタート時は、食肉ほぼ10割でしたが、コロナ前で食肉5：ペット5になり、最近では、食肉3：ペットフード7になっています。

GM：損益計算を教えていただけますか？

売り上げ	**2000万円**
仕入れ	320万円
人件費	1000万円
光熱費	120万円
減価償却費	240万円
広告費	220万円
営業利益	**100万円**

GM：将来設計は？

片岡：仕入れ頭数が減っても維持できる付加価値戦略を模索していま

す。ペットフードは、かなりの追い風になっています。できる限り、飼い主に寄り添ったサービスを展開したいですね。また、物販オンリーから解体ツアー・宿泊などのコト消費＋モノ消費へシフトする予定です。

処理施設をすぐに黒字にする10か条

1、できる限り先行投資を少なくすべし。
2、狩猟免許は必ず取得すべし。
3、猟友会と人脈を作るべし。
4、止差しは、自らするべし。
5、開業前に取引先の確保をすべし
6、鹿・猪以外の小型哺乳類を捕獲すべし
7、補助金をうまく利用すべし
8、犬が好きなら、ペットフードを作るべし
9、売り先は、３本の矢を用意すべし
10、捕獲量は少しずつ増やすべし

〈インタビュー〉

僕はなるべくして猟師になった

1日で最もアドレナリンが上がる瞬間

1日で最も癒される瞬間

今回は（同）日本自然調査機構の代表社員・小林義信さんに猟師のお仕事について伺います。小林さんは、2年前に東京大学で学ぶ傍ら、サークル「狩人の会」を設立、初代代表に。その後猟師という職業を選びました。当社にも主に鳥類を提供してくれています。

※質問者GMは、GIBIER MARCHE（ジビエマルシェ）の団体名の略です

GM： こんにちは。いつもお世話になっています。学生時代から小林君なんて呼ばせもらっているけど、卒業から何年目ですか？

小林：2年目です。

GM： 専攻学科はなんでしたか？

小林：農学部で生態学を学んでいました。

GM： 学生時代のこと、「狩人の会」の活動を教えてください。

小林：大学1年生の時に、友達3人と非公認サークルとして立ち上げました。主に、千葉県に泊まり込みで狩猟を行ったり、東京大学の春・秋の学園祭でジビエ料理の屋台を出店したり、活動内容の展示を行ってきました。

GM： 現在の規模は？

小林：OBOGを含め140名、学生はそのうち70名です。

GM： 結構すごいですね！男女比は？

小林：男子8割、女子2割です。

GM：うちの姪っ子もお世話になっているみたいです。

小林：そうですか！女子大歓迎です。

GM：今の職業ですが、もっと稼げる職業につけたと思うのですが？お金に執着がない？

小林：そうですね。中学生の時からサバイバルと自給自足にあこがれていましたので。毎日充実していますし、なんとか生活もできています。

GM：やっぱり執着なさそうですね。親御さんとか反対があったのでは？

小林：あきらめているみたいです。

GM：今の仕事の内容を教えてください。

小林：野生動物の管理です。

GM：具体的には？

小林：野生動物の①捕獲、②調査、③防除の３つを主に行っています。

GM：環境省から受託ですか？

小林：今は受託している企業からお仕事をいただいています。

GM：スタートアップとしては順調ですね。予定通りですか？

小林：そうですね。学生の時からバイトでお世話にもなっていたので、いけそうだなという算段はありました。

GM：就職は全く考えていなかった？

小林：全くなしです。今の仕事は、ライフワークでもあり、生活の糧でもあります。

GM：１日のスケジュールを教えてください。

小林：猟期は6:00起床、午前中が罠の見回りと鳥の流し猟*です。捕獲があれば、午後から解体作業です。

GM：解体は、施設ありましたっけ？

小林：ないので、家で解体して、自家消費です。16：00ごろから猟犬の訓練、18：00帰宅して事務処理と夕食、21：00まで自由時間で、就寝です。

GM： 就寝早すぎですね。まさか電気がないとか？

小林： 今はあります。将来はオフグリッド生活にしたいです。

※オフグリッド生活：電力会社の送電網(グリッド)に頼らない、つまり電力を自給自足して生活することの意。環境負荷が少ない画期的なシステムとして注目されている。

GM： この年齢にして仙人のような生活ですね。彼女がいるのか気になります。

小林： います。

GM： ついてきてくれるかな？

小林： 自分は書類仕事が苦手なので、その辺りは手伝ってくれています。週末婚や2拠点生活も視野に入れながら、最適な生活スタイルを探っているところです。

GM： ある意味、最先端の生活スタイルかもしれませんね。食糧危機とか災害時に、みんな小林宅に押しかけそうですね。ちなみに、師匠とか相談役は？

小林： 特にいないですが、強いて言えば、地元の方々です。狩猟だけではなく、山菜・きのこ採り、野菜づくり、もの作りなど様々なことを教わっています。中山間地域の文化・習慣に興味があります。

GM： 「僕は猟師になった」の著者千松信也さんに似ているといわれませんか？

小林： たまに言われます。自分でも方向性は似ていると思います。

GM： 他の趣味とか？

小林： ガンダムシリーズを見ることです。宇宙世紀物が好きです。

GM： なんか安心します。猟友会とかお付き合いは？

小林： 木更津・袖ケ浦猟友会に所属しています。君津市や千葉市など他の猟友会所属の方ともよく遊んでいます。とても勉強になります。

GM： 千葉県の猟友会は結構、揉めていませんか？

小林： 僕のところはいい人間関係ですね。

GM： 最近の成果を教えてください。

小林： 房総での成果ですと、巻き狩り*が1回につき鹿と猪が１～7頭獲れます。巻き狩りは週1～2回行います。罠は2日に鹿または猪が1頭程度獲れます。鳥猟は時間が空いた時に流し猟*や犬を使って、キジを１～2羽/日くらいです。

GM： いい感じですね。処理施設は作らない？

小林： 視野には入れています。加工品とかも作りたいです。

GM： 5年後とかの目標は？

小林： まず、今の仕事の拡張。それから、猟師の育成活動、肉の加工、動物以外の調査、土地の測量も興味があります。

GM： 本の執筆とか？

小林： まだそこまでの経験値はないです。ただ、明治・大正・時代の失われた狩猟技術には興味があり、文献を読みあさってまとめています。いずれ、現代の人に読んでもらえるように形にしてみたいです。

GM： 最近猟場で気になることは？

小林： キョンが増えていますね。いすみ市での出没がよくニュースになっていますが、君津市などの内房地域でも住宅の庭にまで出没しています。

GM： くくり罠*でかかります？

小林： 脚が細いのでやはり不発が多いようです。僕は罠を跳ね上げ式にするなど、工夫をしています。

GM： 環境庁のデータだと7万頭まで増殖しているようですが。

小林： はい。キョンを目撃する頻度は年々高くなっていると感じます。次回の調査では、7万頭よりも更に増えた結果が出そうですね。

GM： 他県にも拡大しそう？

小林： 暖かい地域の生き物なので、素人意見ですが、北関東北部あたりがキョンの北限だと思います。

GM： そのほかに山に入って気が付くことは？

小林： やはり温暖化で暑さがきついです。特に猟犬はしんどそうです。

GM： 猟犬は夏場に熱中症で死ぬこともありますね。樹木などの変化は？

小林： ナラや松が、材線虫で枯れていますね。あとは渡り鳥が激減しています。今年の鴨猟は網も銃もだめでした。

GM： ウサギはどうですか？

小林： 鴨川では見なくなっていますが、館山で見る機会が増えています。

GM： 最後に、これから猟師を目指している人にアドバイスありますか？

小林： そうですね・・・専門でする方は、もっと獲れ高が多い地域のほうがいいですね。贅沢をしなければ生活できますが…。また、同年代と出会うことは少ないので、おじいちゃん、おばあちゃんと話すのが好きという人でないと難しいかもしれません。あとは体力が1番必要です。毎日山道を10kmくらいは歩きます。

GM： 今日はお忙しいところありがとうございました。若い人が憧れるような猟師になってください！5年後に取材させてください。

＊印＝「ジビエ用語集」参照

ハンターシェフへの道

最近、シェフから、狩猟免許についての質問が多く寄せられます。そこで狩猟免許取得の基本知識と先輩ハンターシェフのアドバイスをまとめました。

メリット
○食糧危機が来たらかなり強い。
○ジビエの精通度合いが高まる。
○趣味と実益を兼ねている。
○レアジビエや扱い種目が増える。

デメリット
○手続きが面倒。特に取得後が大変。
○費用対効果は期待できない。
○いい師匠につかないと、獲物が獲れない。
○対人関係のわずらわしさもある。

【狩猟免許の取り方】

○狩猟免許試験

狩猟免許は使用する猟具ごとに、猟銃（第一種銃猟免許）、空気銃（第二種銃猟免許）、罠（わな猟免許）、網（網猟免許）の４区分に分けられています。免許試験は区分ごとに内容が少し変わりますが、知識試験（筆記試験）、適性試験、実技試験の3つの試験をクリアする必要があります。

○知識試験

知識試験は、鳥獣保護管理法などの法律に関する設問や、猟具に関する設問、野生鳥獣に関する設問などが合計30問出題されます。回答は３肢択一式となっており、制限時間90分中に21問正解すれば合格です。

問題の難易度は決して高くはありませんが、無勉強でクリアできるほど甘くはありません。各都道府県猟友会などで購入できる『狩猟読本』という書籍があるので、予習しておきましょう。

○適正試験

知識試験は試験日の午前中に行われ、結果は正午過ぎに発表されます。合格者は引き続き、視力、聴力、運動能力の適性試験が行われます。合格基準は、視力は両眼0.7以上、わな猟・網猟免許で両眼0.5以上。聴力は10メートルの距離で救急車のサイレン程度の音（90デシベル）の音が聞こえること、運動能力は四肢をスムーズに動かせる程度の能力が求められます。もちろん、試験は眼鏡や補聴器などの使用が可能です。

○実技試験

適性試験に合格したら、引き続き実技試験が行われます。実技試験は免許区分によって内容が変わり、第一種・第二種銃猟免許なら猟銃や空気銃の分解や取り扱い方、わな・網猟免許であれば実際のわなや網の架設が行われます。また、各免許区分に共通して、野生鳥獣の姿が書かれた写真やイラストを見て、その動物が捕獲して良い動物か？捕獲して良い動物であれば、その名前を答えるテストも行われます。

※この実技試験は非常に難易度が高いため、事前に猟友会が主催する講習会に参加しないとほぼ通過しません。

【銃の所持許可】

狩猟免許とは別に、猟銃や空気銃を所持するためには、銃の所持許可を公安委員会から受けなければなりません。この所持許可は、警察署で開かれる猟銃等講習会を受講して、そこで行われる考査（筆記試験）に合格しなければなりません。考査の難易度は都道府県によってかなり違いがありますが、10人中2人しか合格できない所もあるなど、簡単にパスすることはできません。猟銃を所持する場合は、クレー射撃による実技試験も行われます。「いきなりクレー射撃なんて自信がない!」と思われる方も多いと思いますが、銃の安全な扱い方や射撃方法の教習が中心なので、決して難しい試験ではありません。

【費用と時間】

猟銃や空気銃を所持するためには、上記のような試験を受けるだけでなく、様々な書類を集めたり、身辺調査を受けたり、所持する銃の検査を受けたりと、数々のハードルをクリアしなければなりません。所持にかかる費用は、銃本体の値段を抜きにしても10万円以上。公安委員会とアレコレとやり取りをする期間も、3か月から半年以上もかかります。

【ハンターと猟師の違い】

よく勘違いされていますが、一般的に趣味で狩猟を行うレジャーハンターと、狩猟を生業とする猟師は、活動の根拠となる制度が違います。まずレジャーハンターの場合、猟期（11/15-2/15）の時期に、指定された野生鳥獣のみを捕獲することができます。レストランで働きながら、趣味で狩猟するならこちらがおすすめです。一方猟師は、都道府県、または市町村から捕獲の許可を受けることで、指定以外の鳥獣（ドバト・ニホンザル）の駆除活動が、猟期ではない夏場や、通年を通して活動することもできます。こちらは、地域密着型なので、郊外型のレストランでないと難しいでしょう。

ハンターシェフから一言

ラチュレ（室田 拓人シェフ）

個人的に自然やアウトドアが好きなので、やっていますが、自分で捕っても原価は下がりません。猟場は千葉で鳥類がメインです。今年ライフル銃を取得できましたので、北海道に大物猟に行きたいですね。銃の保管はとても厳しいで、借家の場合事前に大家さん等に確認したほうがいいです。取得後も移動費など結構お金がかかるので、余裕を見ておいた方がいいです。

サンコフォン（千葉 貴大シェフ）

主に散弾で鳥類狙いです。キジバト・鴨・コジュケイなど。一発弾*で巻き狩り*で大物猟もします。千葉県・茨城県・静岡県などが猟場です。とても運動になるので健康にいいです。免許取り始めは、射撃場に行ってたくさん練習してください。

串焼き・小野田（小野田 貴光シェフ）

散弾とエアを保持しています。基本は流し猟*、キジ・鴨・鳩・ウサギ・コジュケイ・ヒヨドリなど狙います。自家消費を兼ねているので、最高の趣味です。食肉処理施設*が近くになくて、大物を解体できないのが悩み。

【全国版】

ジビエの美味しいレストランガイド147

20年以上ジビエを扱っていた老舗レストランと、ここ5年で急激に勢力を伸ばしているジビエ専門店。新旧のジビエ料理への考え方や調理法の違いがとてもユニークです。
取り扱っている種目も記載してありますので、お目当てのお店を探してみてはいかがでしょうか。

東京都　スパニッシュイタリアン

ピッツェリア＆バー ノーガ
PIZZERIA & BAR NOHGA

エゾ鹿　猪　熊　アナグマ　ヌートリア　鴨

2020年に誕生した「NOHGA HOTEL AKIHABARA TOKYO」内にあるレストラン。「スパニッシュイタリアン」をテーマに、本格的な窯焼きピッツァと、豊富なタパス（小皿料理）を取り揃える。ジビエもアラカルトで注文可能。
エゾ鹿と九州産の猪は半頭単位で仕入れており、各部位を余すことなく調理。定番のローストやグリルのほか、ヒグマ肉にスパイスと野菜のピュレを組み合わせたアメリカンドッグ、アナグマの自家製ベーコンに舞茸や芹を合わせたカルボナーラ、猪肉の端材をソーセージにしたポ・ト・フなど、独学でジビエの扱いを学んだという山下シェフのセンスが冴える創作料理が豊富だ。

住所：東京都千代田区外神田3-10-11
電話番号：03-6206-0607
営業時間：朝7:00～10:00（L.O.9:30）昼11:30～ L.O.15:00 カフェ15:00～ L.O.17:00
夜17:30～23:00（L.O.22:00）（日、祝日最終日はL.O.21:00、22:00閉店）
定休日：不定休
予算：昼1,800円～3,000円　夜5,000円～6,000円
HP：https://nohgahotel.com/akihabara/restaurant

東京都　ジビエ専門料理

あまからくまから

本州鹿 エゾ鹿 猪 熊 アナグマ アライグマ キョン ヌートリア 鴨 カラス トド その他野鳥

天井にはツタが這い、まるで夜の森へと迷い込んだような雰囲気。怪物と呼ばれたヒグマ「OSO18」の肉を提供したことでも話題を呼んだジビエ専門店だ。ジビエを熟知した店主が、季節に応じて品質のよい種類や産地を厳選。名物の炭火焼きをはじめ、ステーキ、鍋など、素材の美味しさをストレートに感じられる料理で提供している。都内では珍しいトド肉、中国人からのリクエストが多いという熊の手など、希少なジビエも豊富。数種類のジビエが堪能できる「究極のジビエコース」をはじめ、漫画『ゴールデンカムイ』にちなんだ「アイヌジビエコース」、みかん畑で獲れた猪を使った「みかん猪のぼたん鍋コース」など、個性的なコースを用意している。

住所：東京都中央区日本橋人形町3-7-11 大川ビル2F
電話番号：03-5640-2121
営業時間：17:00〜23:00（L.O.22:00）
定休日：日、祝日
予算：10,000円〜
HP：https://amakara9.com
※予約をおすすめします。

東京都　フランス料理

ブラッスリー ギョラン

Brasserie Gyoran

本州鹿　エゾ鹿　猪　熊　アナグマ　ハクビシン　キョン　鴨　シギ　その他小動物　その他鳥類

ハンターでもある羽立シェフは、狩猟・処理方法によるジビエの品質の違いに精通。店では常時10種類以上のジビエを揃え、状態に合わせて最適な調理を施し、ダイナミックなビストロ料理を提供する。プリフィックス形式のコースでは、年間を通じてジビエを選べるほか、年明けから春先にはデザート以外の6品にジビエを使用した「ジビエのフルコース」が登場。シェフ自ら仕留めた野鳥料理も堪能できる。シェフのいち押しは、脂のりがよく、味の濃いオナガガモ。炭火で香ばしく焼き上げ、内臓を使ったサルミソースを組み合わせて濃厚な一皿に仕上げている。平日限定のお得なランチメニュー（税込1,300円～）でも、パテや煮込みといったジビエ料理に出会えることも。

住所：東京都中央区八丁堀2-1-9 川名第一ビル1F
電話番号：03-5244-9523
営業時間：平日11:30～14:30（L.O.14:00）　18:00～22:00（L.O.20:00）
土、祝12:00～14:30（L.O.13:30）　18:00～22:00（L.O.20:00）
定休日：日（月2回不定休あり）
予算：昼1,300円～2,000円　夜7,500円～15,000円
HP：https://gyoran.com
※予約をおすすめします。（ランチのコース、ディナーの「おまかせコース」は要予約）

東京都 | フランス料理

ビストロ　ハマイフ

BISTRO HAMAIF

本州鹿　猪　熊　アナグマ　鴨

南信州「ジビエ加工施設 もみじや」から直送される鹿肉を中心に、国産ジビエに力を入れるカジュアルフレンチ。豊富なアラカルトだけでなく、数種類のジビエが味わえる「旬の食材とジビエを楽しむコース」を通年提供している。おすすめは、鹿もも肉の中でも特にうま味が強いといわれる希少部位、シンタマのロースト。旬の素材を加えて季節ごとにアレンジした赤ワインベースのソースで楽しめる。ほかにも、低温調理した鹿肉に山わさびを削りかけた清涼感のあるカルパッチョ、鹿、猪、熊肉を混ぜ合わせた濃厚なパテ・ド・カンパーニュなど、前菜も充実。ランチでは、鹿肉のハンバーグステーキが1,300円（税込）とリーズナブルにいただける。

住所：東京都中央区新富1-9-4 ファンデックス銀座B1F
電話番号：03-6280-3483
営業時間：11:30～15:00（L.O.14:00）　17:30～22:30（最終入店21:00　L.O.21:30）
定休日：日（不定休あり）
予算：昼1,300円～4,000円　夜8,000円～
HP：https://www.instagram.com/bistrohamaif

東京都 | 日本料理

またぎ

鹿 猪 熊 アナグマ 鴨 その他野鳥

六本木の裏路地にひっそりと佇む隠れ家的なお店で、昔ながらの囲炉裏料理が楽しめる。またぎでもある店主が自ら獲ったジビエ、信頼できる猟師仲間から仕入れたジビエを中心に、春は山菜、夏はうなぎ、秋は茸と、扱う素材は天然ものばかり。名物は、囲炉裏の火でじっくりと炊き上げられる滋味深い猪熊鍋と、ジビエの個性に合わせて味つけを変えた網焼き。なかでも、窒息鴨の網焼きは、濃厚な風味がたまらないと常連客を虜にしている。ほかにも、キジの水炊き、熊のソーセージ、鴨の燻製など、焼き物以外のジビエ料理も豊富。囲炉裏を囲むカウンター席以外に半個室もあり、会食利用にもおすすめだ。

住所：東京都港区西麻布3-1-15
電話番号：03-3796-3388
営業時間：18:00～23:00（最終入店21:00　L.O.22:00）
　　　　　祝日17:00～22:00（最終入店20:00、L.O.21:00）
定休日：日
予算：夜12,000円～
HP：なし
※鴨料理は前日までの要予約

東京都　フランス料理

ユヌ パンセ
UNE PINCÉE

本州鹿　エゾ鹿　猪　鴨　その他野鳥

メニューはアラカルト中心で、アミューズはワンコインから注文可能。麻布十番の人気店「カラペティ・バトゥバ」でシェフを務めるなど、豊富なキャリアを持った馬堀シェフの料理が気軽に味わえるカウンターフレンチだ。ジビエ料理がさかんなフランス・フォンテーヌブローで修業を積んだ馬堀氏は、ジビエにも造詣が深く、狩猟期にはさまざまなジビエ料理が並ぶ。なかでもおすすめは、何度も休ませながらオーブンでふっくらと火を入れた野鳥のロースト（1羽9,000円～）。野鳥の骨から取った出汁に内臓を加えたサルミソースを組み合わせており、野趣溢れる濃厚な美味しさだ。予約なしでも来店できるが、ジビエを食べたい場合は、事前確認を忘れずに。

住所：東京都港区東麻布2-19-2 酒井ビル1F
電話番号：03-5561-2939
営業時間：17:30～ L.O.23:00（24:00クローズ）
定休日：日、第3月曜日
予算：夜10,000円～12,000円
HP：https://unepincee.com

東京都　イタリア料理

エトゥルスキ
Etruschi

本州鹿　エゾ鹿　猪　鴨　その他野鳥

1996年に開業した一軒家リストランテ。広々とした開放的な空間で贅沢な時間を堪能できる。グランシェフの前田氏は、「大地への敬意」をテーマに、15種以上の野菜を調理したスペシャリテを提供するなど、旬の素材へのリスペクトを感じさせる独創的な料理を得意とする。ジビエは、10月から2月にかけて、コースのメイン料理やパスタで提供。鹿肉のローストには、赤ワインソースに山ぶどうやカシスのジャムを添えるなど、酸味をうまく取り入れながら、力強いコクが感じられる一皿に仕上げている。山鳩や山シギなどの野鳥料理にも対応してくれるので、お目当てのジビエがあれば、予約時にぜひリクエストを。

住所：東京都港区南青山3-15-12
電話番号：03-3470-7473
営業時間：11:30～ L.O.13:30　18:00～ L.O.20:30
定休日：火
予算：昼7,000円～　夜11,000円～
HP：https://etruschi.jp
※要予約

東京都 | フランス料理

アルゴリズム

本州鹿 エゾ鹿 猪 熊 ハクビシン キョン ヌートリア 鴨 カラス シギ その他小動物 その他野鳥

「フレンチ方程式」をコンセプトに、国内外の名店で腕を磨いた深谷シェフの確かな技術と独創的なアイデアを融合。料理をより深く、楽しく味わえる仕掛けが満載で、エンターテイメント性が高いカウンターフレンチだ。料理は月替わりのおまかせコースのみで、ビエは、狩猟期に鹿、猪、野鳥類を中心に使用。ローストや赤ワイン煮込みといったオーソドックスな料理を、独自の解釈で再構築した斬新な料理が楽しめる。爬虫類や昆虫も含め、これまでに20種類以上のジビエを扱ってきたという深谷シェフ。貸切（8名以上）なら、珍しいジビエや、ジビエの希少部位を用いた特別コースもリクエストに応じて仕立ててくれる。

住所：東京都港区白金6-5-3 さくら白金102
電話番号：03-6277-2199
営業時間：12:00～15:00（L.O.13:00）　18:00～23:00（L.O.20:00）
定休日：日、月
予算：昼10,000円～　夜20,000円～
HP：http://lalgorithme.com
※要予約

東京都 | フランス料理

キエチュード

本州鹿 猪

広々としたオープンキッチンで、ライブ感あふれる料理を楽しめる。フランスはもとより、南米やアフリカなど、世界中のレストランで修業を積み、見識を深めてきた荒木シェフ。スパイスを多用したモロッコ流のフランス料理を得意とし、鹿肉のローストにクミンパウダーとそばの実をふりかけて仕上げるなど、ジビエ料理にもエキゾチックな香りがただよう。ディナーはおまかせコースのみ。鹿と猪は1年を通して提供し、ジビエシーズンには、真鴨やカラスといった野鳥類のリクエストにも対応している。ランチは王道のビストロ料理を展開しており、オリジナリティ溢れるジビエ料理を味わうなら、ディナーが断然おすすめだ。

住所：東京都台東区東上野3-35-1　鈴木ビル1F
電話番号：03-5826-8995
営業時間：12:00〜15:00（L.O.14:00）　18:00〜22:00（L.O.20:00）
定休日：水
予算：昼4,000円〜8,000円　夜10,000円〜20,000円
HP：https://www.alaquietude.com
※ディナーは要予約（ランチも予約をおすすめします）

東京都 | イタリア料理

カノーヴァ
CANOVA

本州鹿 エゾ鹿 猪 熊 鴨

地元で愛される隠れ家的レストラン。竹井シェフは、自然豊かな南房総や兵庫県の畑から直送される無農薬野菜や、水のおいしい土地で育ったジビエなど、生産者だけでなく、生育環境にも着目して素材を厳選している。特にお気に入りなのが、「絹のようになめらかな食感で、雑味のないピュアな味わい」だという鹿児島県・霧島錦江湾国立公園近辺で獲れた本州鹿。緻密な火入れでその繊細さを引き出したローストは、1年中味わえる店の名物だ。ほかにも、熊肉のボロネーゼなど、食感と力強さを引き出したジビエ料理は、食べると素材が育った美しい景色が目に浮かんでくる。コース料理のみの提供なので、ジビエの入荷状況は予約時に必ず確認を。

住所：東京都文京区千駄木2-30-1-101
電話番号：03-5814-2260
営業時間：11:30～15:00（L.O.13:30）　17:30～23:00（L.O.21:30）
定休日：不定休
予算：昼3,300円～5,000円　夜6,800円～10,000円
HP：https://canovatokyo.wixsite.com/canova
※予約をおすすめします。

東京都 | 創作料理

多満

本州鹿　エゾ鹿　猪　熊　アナグマ　鴨

名物のジビエを中心に、ワインによく合う料理が気軽に楽しめる。料理はフレンチのテクニックをベースに、鹿肉のソースにはしじみやかつお出汁を加えたり、猪肉には木の芽ペースト入りの西京味噌ソースを添えたりと、和のテイストを自由に取り入れ、ジビエの個性を引き出している。冬には鹿肉のすき焼きや猪鍋といった身体が温まるメニューも充実。アラカルトメニューと月替わりのコース以外に、10月から2月にはジビエ尽くしのコースもリクエスト可能。ほかにも、鹿のフィレ肉やロース肉を使ったパイ包み焼きも予約限定で提供している。

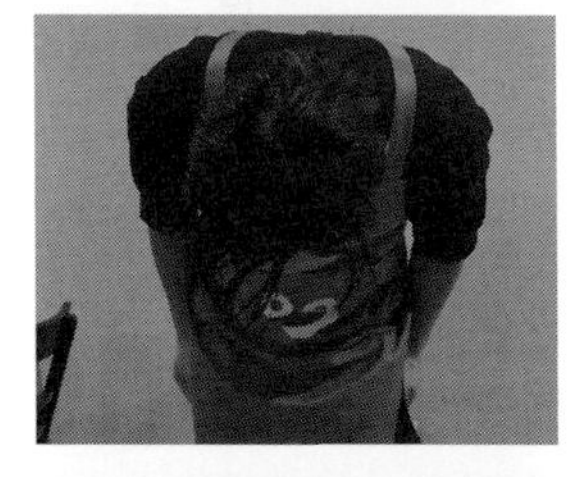

住所：東京都北区中里1-2-2　坂本ビル1F
電話番号：03-5842-1318
営業時間：平日17:00～23:00（L.O.22:30）土、日14:00～23:00（L.O.22:30）
定休日：月、第1・第3火
予算：5,000円～8,000円
HP：https://www.instagram.com/taman_komagome

モトラ
MOTORA

本州鹿　エゾ鹿　熊　アナグマ　鴨

千葉県の畑や牧場など、関東近郊で生産された素材を厳選。「時差のない料理」をテーマに、生産現場から料理提供までの時間を限りなく短くし、素材のフレッシュな美味しさを表現している。都内の高級リストランテで長年腕をふるってきた森本シェフの料理は、繊細で見た目にも美しく、素材へのリスペクトが感じられる。ジビエは、猪肉のローストや鹿肉のカツレツといったメイン料理のほか、アナグマのパンチェッタを使ったクロケット（コロッケ）、熊肉のラグーソースパスタなど、さまざまなレシピで通年提供。メニューはコース料理のみなので、ジビエを食べたいなら事前に入荷状況の確認を。

住所：東京都足立区千住3-21　フィオーレ北千住1F
電話番号：03-5284-7711
営業時間：11:30～14:00（最終入店12:30）　18:00～22:00（最終入店19:00）
定休日：水、第2・第4火
予算：昼5,800円～　夜1,1000円～
HP：https://www.motora.tokyo
※予約をおすすめします。

東京都　イタリア料理

創作イタリアン肉バル スオーノ

エゾ鹿　本州鹿　猪　熊　アナグマ　ハクビシン　キョン　トド　鴨

ワイン1杯から気軽にジビエが楽しめる創作イタリアンのお店。名物は、北海道や長野県から直送されるジビエのステーキ。ミディアムレアに焼き上げたさまざまなジビエを、卓上のペレット（焼き石）を使って自分好みの焼き加減に調整できる。50gずつと少量から提供してくれるうえ、好きな肉を数種類組み合わせて少しずつ楽しめる盛り合わせメニューもあり、1人で訪れても色々なジビエを味わえるのが嬉しい。猪、鹿、熊が年中食べられるほか、ハクビシンやトドといったレアな種類や、鹿や猪のハツ、レバーなどの希少部位に出会えるチャンスも。飲み放題つきのお得なコースも用意しており、宴会利用にもうってつけだ。

住所：東京都墨田区緑1-28-11　イトーピア両国ステーションコート1F
電話番号：03-6659-9617
営業時間：11:30～14:30（L.O.14:00）　17:30～20:30（L.O.20:00）
定休日：日、祝（ランチは水、土も定休）
予算：昼1,000円～1,500円　夜4,000円～7,000円
HP：https://www.suono2019.com

中国料理 くろさわ東京菜

本州鹿　エゾ鹿　猪　熊　アナグマ　キョン　鴨　カラス

ヌーベルシノワ（西洋料理風のコース料理）の名店として、地元で高い人気を誇る。ディナーは3種類から選べ、ジビエは11皿のコース（税込8,500円）から提供。おもに秋から冬にかけてメニューに登場し、カラスやアナグマなど、予算に応じて珍しいジビエのリクエストも受け付ける。ふっくらと蒸しあげてから、表面を香ばしく焼き上げたロース肉や、塩漬けにしたのち、低温の油で柔らかく仕上げたすじ肉など、中国料理ならではの手法で仕上げるジビエ料理は、西洋料理とはまた違った魅力が満載だ。ランチには、5皿だけのお得なショートコースも用意している。

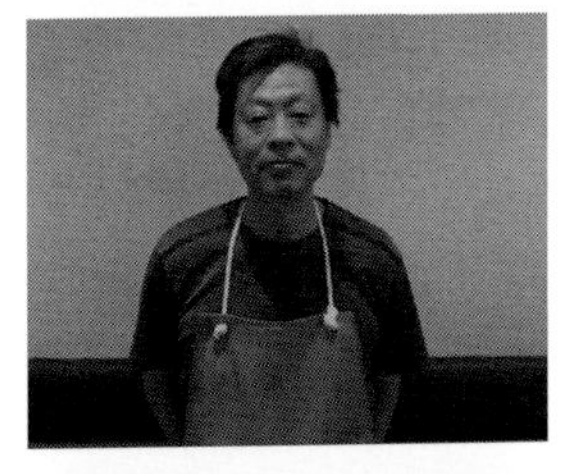

住所：東京都大田区山王2-36-10
電話番号：03-5743-7443
営業時間：水～土11:30～14:00（L.O.13:30）　18:00～23:00（L.O.21:30）
　　　　　日、祝18:30～23:00（L.O.21:30）
定休日：月、火（祝日の場合は営業）
予算：昼2,000円～　夜12,000円～
HP：https://www.facebook.com/china.kurosawa.tokyo
※予約をおすすめします。

東京都 | フランス料理

ラチュレ

本州鹿 エゾ鹿 猪 熊 アナグマ ハクビシン アライグマ キョン 鴨 シギ その他小動物 その他野鳥

新進気鋭のジビエ料理の名手として知られる室田シェフ。自身もハンターの資格を持ち、ジビエに対する深い造詣と斬新なアイデアを武器に、独創的な料理を生み出している。これまで扱ってきたジビエは30種類以上。店には常時15種類以上のジビエを揃え、ヤクシカ、タイワンリス、コジュケイ、エゾ雷鳥など、珍しい動物も積極的に取り入れる。シェフのスペシャリテである鹿血を使ったマカロンのアミューズは、「いただいた命は一滴たりとも無駄にしない」というシェフの哲学が詰まった一品だ。昼は2コース、夜は3コースから選べ、狩猟シーズンに入るとコースの8割以上がジビエを使った料理に。デザートにまでジビエを取り入れるというから驚きだ。

住所：東京都渋谷区渋谷2-2-2　青山ルカビル B1F、2F
電話番号：03-6450-5297
営業時間：11:30～15:40（L.O.13:30）　18:00～23:00（L.O.20:30）
定休日：不定休
予算：昼7,000円～　夜13,000円～
HP：https://www.lature.jp

東京都　日本料理

ほねラボラトリー 魚のほね

本州鹿　猪　熊　アナグマ　鴨

紹介制で、知る人ぞ知る隠れ家的な名店。櫻庭シェフはソムリエとして活躍したのち、独学で料理を磨き上げた異色の経歴の持ち主。日本料理に各国の調理法を融合させて素材の個性を引き出した、型にはまらないオリジナリティあふれる料理が楽しめる。ジビエは、信頼できる猟師が仕留めた本州産だけを厳選。魚介料理とワインのペアリングが有名だが、20年以上前から提供しているジビエも隠れた名物だ。炭火で焼き上げた猪の肩ロースには、にんにくの香りをきかせたフムス（ひよこ豆ペースト。中東の伝統料理のひとつ）を添える、窒息鴨のつけだれには、ニラの香りを移したポン酢を使うなど、シンプルな料理の中にも独自の感性が光る。

住所：東京都渋谷区恵比寿1-26-12　フラット16 3F
電話番号：03-5488-5538
営業時間：18:30～最終入店20:00
定休日：日、祝
予算：33,000円～
HP：https://www.instagram.com/honeraboratory
※紹介制

日本料理 秀たか

本州鹿 エゾ鹿 猪 熊 アナグマ ハクビシン キョン トド 鴨

店主の榎氏は、キャビアやイワナの養殖を手がけるなど、素材探求に並々ならぬ情熱を注ぎ、多様なジビエやまだ市場に出回っていない野菜の品種など、訪れるたびに珍しい素材に出会える。ジビエ料理は、15年以上前から研究を重ねてきた名物のひとつ。沿岸部で獲れた猪には貝類や海藻の出汁を合わせ、熊の手は赤すぐり入りの出汁に漬け込んでから焼き上げるなど、素材が育った環境や餌によって味つけを変え、最小限の調理で素材本来の食感と風味を引き出しながら、組み合わせの妙も追求している。コースでは、豊富に取り揃えたプレミアム日本酒も含め、ドリンクは全種類飲み放題。好みと予算に応じて料理を仕立ててくれる。

住所：東京都渋谷区恵比寿2-9-4　リベルタⅢビル2F
電話番号：03-6409-6407
営業時間：19:00～23:00
定休日：不定休
予算：20,000円～
HP：https://nihonryouri-hidetaka.com
※要予約

東京都 | イタリア料理

ファロ
falò

本州鹿 猪 鴨

炭火台を囲んだ広々としたカウンターで、焚き火さながらに豪快な炭火料理を楽しめる。ジビエは、本州鹿と猪の炭火焼きが年中食べられるほか、狩猟期には国産のマガモもラインナップ。リストランテの老舗「アクアパッツァ」で料理長を務めた樫村シェフの熟練の技でカリッとジューシーに焼き上げられた鹿肉は、ふきのとうや山椒、山ぶどうなど、炭の香りによく合う季節のソースを添えて。猪肉は、春菊や三つ葉といった個性的な葉野菜を合わせたサラダ仕立てで堪能できる。ジビエの前には、サクラマスや岩牡蠣などの旬の魚介を使った名物の藁焼きもぜひ注文したい。

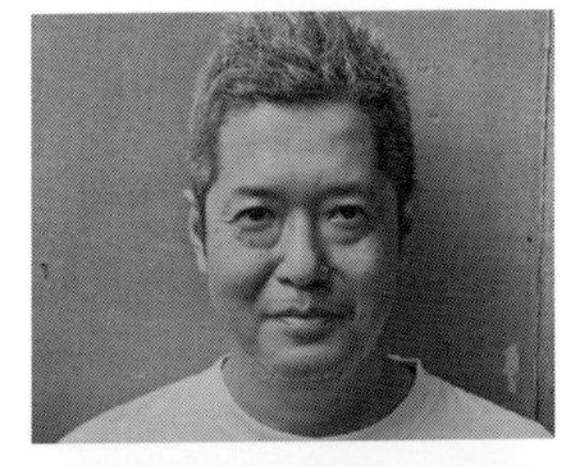

住所：東京都渋谷区代官山町14-10　LUZ代官山B1F
電話番号：03-6455-0206
営業時間：平日17:00〜23:00（L.O.21:30）　土、日、祝15:00〜23:00（L.O.21:00）
定休日：木（不定休あり）
予算：10,000円〜13,000円
HP：https://falo-daikanyama.com
※予約をおすすめします。

東京都　イタリア料理

コンチェルト
Concerto

本州鹿　猪　熊　アナグマ　鴨

各国の食文化を柔軟に取り入れた独自のイタリア料理を展開。井口シェフは「ボン・ジビエ委員会」の主力メンバーとして、美味しい国産ジビエの普及にも取り組んでおり、鹿や猪を中心に、年間を通じてジビエ料理を提供している。ロースト、パテ・ド・カンパーニュ、タリアータ（薄切り肉とチーズを合わせたサラダ）、ラグーソースのパスタなど、くせが少なく、ジビエ入門者にもおすすめしやすい料理が楽しめるほか、鹿レバーのサラダといった通好みの内臓料理が提供されることも。カウンターでシェフと話しながらアラカルトを楽しむもよし、テーブル席で仲間と賑やかにコース料理を味わうもよし。さまざまなシーンで利用できる自由度の高さも魅力だ。

住所：東京都渋谷区上原1-29-5　BIT代々木上原B1F
電話番号：03-6804-8794
営業時間：平日18:00～L.O.23:00　土、日、祝11:30～L.O.14:00　18:00～L.O.23:00
定休日：不定休
予算：昼4,000円～6,000円　夜8,000円～10,000円
HP：https://uehara-concerto.com
※予約をおすすめします。

東京都　フランス料理

レストラン ユニック

鹿 猪 熊 アナグマ 鴨 シギ その他小動物 その他野鳥

フランスでの修業中には、1週間で120羽の山バトを調理するなど、数多のジビエと対峙して腕を磨いてきた中井シェフ。ほどよい熟成と的確な火入れを駆使し、ユニークで濃厚なジビエ料理を追求しており、ビストロのような気軽な雰囲気とリーズナブルな価格で、ガストロノミックな料理が食べられると評判だ。「ツキノワグマとフォアグラのパイ包み焼き」は、熊肉と野鳥肉を混ぜ込んだパテとサルミソースの重厚な味わいが人気で、一年中楽しめる。狩猟期には、雷鳥のパイ包み焼きや、ジビエ料理の最高峰といわれる古典料理「野ウサギのロワイヤル」がメニューに並ぶことも。ジビエを堪能するなら、アラカルトで注文するのがおすすめだ。

住所：東京都目黒区目黒3-12-3 松田ビル1F
電話番号：03-6451-0570
営業時間：18:00〜23:00（L.O.21:30）
定休日：月
予算：12,000円〜15,000円
HP：https://restaurant-unique.jimdofree.com
※要予約

東京都 フランス料理

イブローニュ

IVROGNE

本州鹿 猪 熊 アナグマ 鴨

フランスのサヴォワ地方やバスク地方での修業経験を持つ有馬シェフが、現地で感銘を受けた郷土の味を再現。フランスでは家庭料理でも親しまれているというジビエには、イブローニュでも力を入れており、1年を通してアラカルトで提供している。なかでも、熊本県から仕入れる珍しい皮つきの猪肉は、本場の味を出すのに欠かせない素材だという。そんな皮つき猪肉を使った看板料理が、塩漬けにした肉とレンズ豆を白ワインで煮込んだ「プティ・サレ」。コラーゲン豊富な皮つき猪肉ならではのうま味の強さと食感は、やみつきになること間違いなしだ。

住所：東京都世田谷区代田1-30-12-102
電話番号：03-6805-5951
営業時間：18:00～23:00（最終入店21:30）
定休日：水、月2回不定休
予算：7,000円
HP：http://ivrogne.tokyo.jp
※要予約

東京都 | ジビエ専門料理

米とサーカス　高田馬場本店

エゾ鹿 猪 熊 アナグマ ハクビシン アライグマ キョン ヌートリア トド カラス その他小動物 その他野鳥 爬虫類 両生類 昆虫

ジビエ、爬虫類、昆虫にいたるまで、珍しい肉を豊富に取り揃え、マニアからの熱視線を浴びる日本屈指の専門居酒屋。定番のジビエはもちろん、クジャク、カンガルー、タヌキ、サル、トナカイ、ワニ、海亀など、これまでに取り扱ってきた動物は50種類にものぼり、季節ごとに国内外の珍しい肉たちが豊富に揃う。料理は、素材の味をシンプルに楽しめる塩焼きや唐揚げが中心。カラスやうさぎの丸焼きは強烈なインパクトだ。冬の人気は、約10種類のジビエから好きな種類を選べる鍋料理。ほかにも、鹿や猪の内臓類も充実。東京で珍しい動物に出会いたいなら、外せない一軒だ。

住所：東京都新宿区高田馬場2-19-8
電話番号：03-5155-9317
営業時間：平日16:00～23:00（L.O.21:45）火曜日のみ17:00～
土、日、祝 ランチ　12:00～15:00（L.O.14:00）
ディナー 16:00～23:00（L.O.21:45）
定休日：不定休
予算：4,000円～5,000円
HP：https://asia-tokyo-world.com/store/kome-to-circus
※予約をおすすめします。

東京都　　ジビエ料理専門

ジビヱ 岸井家

本州鹿　エゾ鹿　猪　熊　アナグマ　アライグマ　キョン　鴨　カラス　シギ　その他野鳥

イタリア料理とフランス料理の名店で修業を積んだベテラン料理人の岸シェフが満を持して独立。2023年にオープンしたジビエ専門店だ。狩猟期には、3日に1度は千葉県や埼玉県に猟へ出掛け、自ら仕留めた野鳥もメニューを賑わせる。おすすめは、鴨のポワレ。胸肉はポワレ、手羽ともも肉はコンフィ、ささみはハム、ガラと内臓はソースと、一皿の中にすべての部位が詰まった贅沢な逸品だ。ほかにも、鹿の脳のムニエルなどの内臓料理も充実。豊富なアラカルトメニューのほか、デザート以外はすべてジビエを使用したジビエコースも提供している。

住所：東京都世田谷区北沢3-1-15
電話番号：090-1423-3115
営業時間：平日18:00〜23:00 土、日、祝17:00〜23:00
定休日：不定休
予算：12,000円〜15,000円
HP：https://www.instagram.com/gibierkishiiya
※予約をおすすめします。

東京都　フランス料理

ロッジビストロ サル

LODGE BISTRO SARU

エゾ鹿　猪　鴨

山小屋をイメージした木の温もりあふれる店内で、ジビエや淡水魚など、日本の豊かな山の幸を使ったビストロ料理がいただける。名物は、溶岩石グリルを使った鹿のシンタマ肉（内モモと外モモの間の部位）のグリル。遠赤外線効果で、外側はパリッと、内側はしっとりと焼き上げた肉に、葉ワサビの爽やかな辛味を効かせた「ワサビのタプナード」を薬味がわりにつけて味わえる。ほかにも、パテ、煮込み、アッシェ・パルマンティエ（挽き肉とじゃがいもを合わせたグラタン）など、多彩なジビエ料理がアラカルトで注文可能。平日のランチでは、エゾ鹿のグリルやハンバーグをお得に楽しめるセットメニューも用意している。

住所：東京都目黒区鷹番2-16-12　エスケイリビングビル1F
電話番号：050-5266-0493
営業時間：昼11:30～15:00（L.O.14:00）　平日夜17:30～23:00（L.O.22:00）
土夜17:00～23:00（L.O.22:00）　日、祝夜17:00～22:00（L.O.21:00）
定休日：不定休
予算：昼2,000円～4,000円　夜6,500円～
HP：https://saru-gakugeidaigaku.jp
※土、日、祝は予約をおすすめします。

東京都　フランス料理

ウーベルチュール

本州鹿

圧倒的なコストパフォーマンスで、本格的なフランス料理が味わえると評判のビストロ。プリフィックス形式のディナーコース（4,200円税別）では、デザートは6品まで注文可能とサービス精神旺盛だ。メイン料理は8種類以上用意されており、そのうち1種類は必ず本州鹿のポワレがラインナップ。肉に極力ストレスを与えないジャストな火入れを心がけているという細山シェフの鹿肉は、しっとりと柔らかく、歯切れのよい食感が身上。古典的なフォン・ド・ヴォー（仔牛の出汁）ソースで、濃厚な味わいに仕上げている。人気店なので、早めの予約がおすすめだ。

住所：東京都豊島区南大塚1-16-5　ラフィーネ南大塚1F
電話番号：03-3942-6200
営業時間：11:30～15:00（L.O.14:00）　17:30～22:00（L.O.21:00）
定休日：月（祝日の場合は営業、翌日休）
予算：昼3,000円　夜6,000円
HP：https://ouverture.gorp.jp
※予約をおすすめします。

東京都 | イタリア料理

アルヴェアーレ
Alveare

本州鹿 エゾ鹿 猪 熊 鴨 その他野鳥

元麻布の閑静な住宅街に佇む隠れ家リストランテ。「会話を楽しむための料理」がモットーだという豊田シェフの料理は、夕暮れのベネツィアの情景を表現したラビオリや、真珠のように丸く整えた牡蠣クリームを貝殻に盛りつけたアミューズなど、遊び心にあふれ、自然と会話が弾むものばかり。ジビエは旬の物を提供しており、ローストなどのメイン料理で供されるほか、熊肉はパスタでも味わえる。熊肉のラグーパスタは、火入れを工夫して2つの肉の食感を引き出しており、熊の力強いイメージと繊細な肉質のギャップを表現。意外性が楽しめる一皿だ。コース料理タイムとアラカルトタイムの2部制で営業しており、ワインバーとしても利用可能。

住所：東京都港区元麻布3-6-34　カーム元麻布B1F
電話番号：03-6438-9088
営業時間：コース18:00～L.O.21:00　アラカルト21:00～L.O.22:30
定休日：日（月祝の場合は日曜営業、月休）
予算：20,000円～25,000円
HP：https://alvea-re.com
※要予約

東京都 ジビエ専門料理

ももんじや

本州鹿 猪 熊

享保3年（1718年）創業。300年以上に渡って猪鍋を提供してきた日本を代表するジビエ料理の老舗だ。猪は、50年以上前から信頼を寄せる兵庫県・丹波市の猟師から一頭買い。名物の甘辛い味噌仕立ての猪鍋は、時代の嗜好に合わせて少しずつ進化を遂げてきた。一番人気は、さまざまな調理法で鹿、猪、熊を堪能できる全６品の野獣肉コース（税込7,480円）。猪鍋のほか、すね肉の煮込み、竜田揚げなど日本らしいジビエ料理が楽しめる。各ジビエの鍋はアラカルトでも注文できるほか、低温調理した猪肉チャーシューなどのおつまみメニューも豊富。風情ある座敷席で、伝統的なジビエの食文化を全身で味わってほしい。

住所：東京都墨田区両国1-10-2
電話番号：03-3631-5596
営業時間：17:00～21:00（最終入店19:30、L.O.20:30）
定休日：不定休
予算：9,000円～11,000円
HP：https://momonjya.gorp.jp
※予約をおすすめします。

東京都 | 日本料理

雪谷(ゆきがや) 寿多(すだ)

エゾ鹿 猪 熊 アナグマ

都内の有名店で修業を積んだ須田料理長が、そば、天ぷら、寿司にいたるまで、さまざまな日本料理を融合させた独自の和食を提供。ジビエのコースが食べられる珍しい日本料理店だ。軽やかで食べ飽きないジビエの脂の美味しさに惚れ込んだという須田氏は、脂のりのよいジビエを中心に使用。アナグマのベーコンとほうれん草をあえた先付、山椒入りタルタルソースを添えた猪肉の揚げ物、熊鍋のつけ汁でいただく自家製手打ちそばなど、旬の素材を組み合わせた趣向を凝らした料理が堪能できる。人気のジビエコース（税別18,000円～）は1年を通して味わえるほか、特別おまかせコース（税別25,000円～）でもジビエ料理を組み込むことができる。

住所：東京都大田区南雪谷2-18-2　ライオンズマンション雪谷大塚105
電話番号：03-6425-8889
営業時間：18:00～22:00
定休日：不定休
予算：20,000円～30,000円
HP：https://yukigaya-suda.com
※要予約

東京都　ビストロ・バル

エンネ・アー
n.A WINE BISTRO AND BAR

鹿　猪　熊　アナグマ　鴨　カラス　その他野鳥

中野駅の喧騒から離れた閑静な住宅地にある、ビストロ料理を楽しめるダイニングバー。「ワインによく合い、素材の個性を感じられる料理」をテーマとする安部シェフのおすすめは、ジビエのロースト。ジビエが食べていた餌や肉質に合わせてソースを組み合わせており、ほとんどのメインが200g前後で3,000円前後とリーズナブルで食べ応えがある。約30種類のアラカルトメニューのうち、3割がジビエ料理と充実のラインナップ。鹿、猪、熊は通年提供し、狩猟期には、カラスやキジなど、国産の珍しい野鳥も並ぶ。すべての料理がテイクアウトできるのも嬉しい。

住所：東京都中野区上高田2-40-5ラマリッサ1F
電話番号：03-4283-3227
営業時間：16:00～0:00（L.O.22:30）
定休日：不定休
予算：5,000円～9,000円
HP：https://www.na-nakano.com
※予約をおすすめします。

東京都　フランス料理

クバル
Kuval

エゾ鹿　猪　アナグマ　鴨　その他野鳥類

オーナーの久原シェフは、畑仕事やきのこ狩りにも親しむなど自らも素材調達を行ない、ナチュラルワインによく合う自然派な料理を提供している。ジビエの名手として知られる「ラチュレ」の室田シェフに師事していたこともあり、ジビエ料理にも定評あり。特にシャルキュトリーが得意で、鴨のバロティーヌ、鹿血を使ったブーダン・ノワールのタルト仕立て、黒こしょうをきかせたベリーロールなど、オリジナリティ溢れる料理が満載だ。ほかにも、猪肉を赤ワインで煮込み、ソースを鹿血でつないだ「シヴェ」は、猪肉のとろけるような口溶けとうま味の強さが人気の逸品。平日はアラカルト、土、日はコース料理と、曜日によって異なる楽しみ方ができる。

住所：東京都武蔵野市西久保2-3-15　サード本窪1F
電話番号：0422-27-7753
営業時間：18:00～23:00（L.O.22:00）　土、日のみランチ営業あり（12:00～15:00、L.O.13:00）
定休日：月（不定休あり）
予算：昼5,000円　夜10,000円～15,000円
HP：https://www.kuval.store
※コースは完全予約制

東京都　バル

肉ビストロ灯（あかり）

本州鹿　エゾ鹿　猪　熊　アナグマ　トド　鴨

定番の肉からジビエまで、日替わりで6〜8種の肉を用意。塊肉の炭火焼きが名物のワインバルだ。炭火焼きでは、炭とグリラーを組み合わせた火入れで肉全体を均一に焼き上げており、ジューシーで炭火の香ばしさもしっかり感じられると評判だ。鹿と猪は通年食べられるほか、秋には熊やアナグマ、冬にはトドや鴨も仲間入り。「炭火塊肉の盛り合わせ」では、ジビエ、牛肉、豚肉、合鴨、ラム肉の中から、好きな種類を自由に組み合わせられ、食べ比べが楽しめる。また、ボトルワインは100種類以上を常備。鍵とランタンを持って薄暗いワイン庫へ入り、お気に入りのボトルを探すのは、宝探しさながらで遊び心をくすぐられる。

住所：東京都新宿区西新宿7-16-13　第18フジビル2F
電話番号：03-5332-5298
営業時間：17:00〜23:00（フードL.O.22:00　ドリンクL.O.22:30）　金、土17:00〜23:30（フードL.O.22:30　ドリンクL.O.23:00）
定休日：不定休
予算：5,000円〜6,000円
HP：https://niku-bistro-akari.jp

神奈川県　フランス料理

ビストロ ホーボー

Bistro HOBO

本州鹿　エゾ鹿　猪　熊　アナグマ　アライグマ　キョン

飲み屋横丁として知られる野毛で異彩を放つ、ジビエが名物のおしゃれなカジュアルビストロ。ナチュラルワインに力を入れており、10種類以上のグラスワインが楽しめる。松本シェフは「素材をあまさず使い切ってこそ、料理が完成する」という思いから、猪や小動物を一頭買いし、炭火焼きや煮込みのほか、レバームース、すじ肉を使ったソーセージなど、部位ごとに多彩なジビエ料理を提供している。おすすめは、猪肉やアナグマのロースト。同じジビエの骨から取った出汁でソースを作っており、一体感のある美味しさが魅力だ。アナグマは入荷後するとすぐに完売してしまう人気メニューなので、SNSでの告知をお見逃しなく。

住所：神奈川県横浜市中区野毛町2-78 野毛食道楽201
電話番号：045-231-6045
営業時間：17:00〜22:00（L.O.21:00）　土、日、祝15:00〜22:00（L.O.21:00）
定休日：月
予算：5,000円〜10,000円
HP：https://www.instagram.com/bistrohobo

神奈川県 | 居酒屋

天然いのしし

本州鹿 猪 熊 トド その他小動物

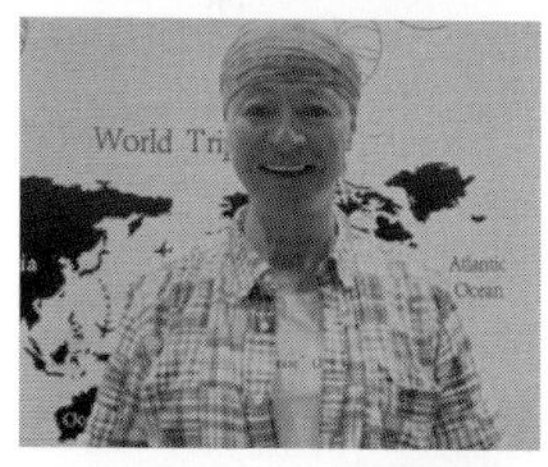

横須賀でジビエ料理店といえば、真っ先に名前が挙がる居酒屋。「ジビエの食文化をもっと気軽に楽しんでもらいたい」と、シンプルなソテーを中心に、ジビエ料理を1,000円（税込）から提供している。名物は、春先から秋口に獲れる赤身の熊肉。硬いと思われがちな熊肉だが、店主の荒木氏の手にかかれば驚くほど柔らかな食感へと変わり、脂の乗った冬の熊肉とはまた違った力強い味わいが楽しめる。また、関東では珍しいトド肉も提供。低温調理で脂の甘味を引き出しており、からしポン酢をつけるのがおすすめだ。ジビエ以外にも、低温調理のリ・ド・ヴォー、豚ののどぶえの串焼きなど、希少部位も取り揃えている。

住所：神奈川県横須賀市衣笠栄1-4 渋谷ビル2F
電話番号：080-3915-3920
営業時間：14:00～21:00
定休日：火
予算：3,000円～10,000円
HP：https://www.instagram.com/tenneninosisi

ドイッチャーネ
Doicciane

本州鹿　エゾ鹿　猪　鴨

南イタリアの邸宅を思わせる黄色の外壁が目印。店内もレンガ造りになっており、旅気分が味わえる。鮎の魚醤や八丁味噌など、和の調味料を自由に取り入れながら、季節感を大切にした料理を作るオーナーの土井シェフ。ジビエでも、金柑やにんじんのピュレをソースに加えたり、鹿のパテにはドライいちじくを組み合わせたりと、四季を感じられる料理に仕上げている。シェフのおすすめは、鹿もも肉のロースト。ほどよい弾力と濃厚なうま味を持つもも肉は、定番のローストでも、ほかの部位とは一線を画す美味しさだ。リクエストがあれば、タンの煮込み、脳のムニエルなど、希少部位の提供も。夜はアラカルト、昼はリーズナブルなコース料理が楽しめる。

住所：神奈川県逗子市逗子2-6-5 IDIビル1F
電話番号：046-872-9188
営業時間：12:00～15:00（L.O.14:00）　17:00～21:30（最終入店20:00、L.O.20:30）
定休日：月
予算：昼3,000円～　夜6,000円～
HP：なし

神奈川県　フランス料理

レストラン リッシュ

本州鹿　猪　熊　アナグマ　鴨　その他野鳥

ジビエ料理を提供して20年以上。ジビエ料理の名店として知られる東京・恵比寿の老舗レストラン「アラジン」での修業経験をもとに、地元の新鮮な素材で記憶に残る料理を創造してきた。ローストした猪肉に、同じ地域で採れたくるみを使った焦がしバターソースをかけるなど、産地を合わせることで素材同士のマリアージュを生み出すのが、髙橋シェフ流。通年提供される鹿肉と猪肉は、柔らかくてくせのない2〜3歳のメスを厳選しており、ジビエ初心者にも安心してすすめられる。ヒグマやヒヨドリなど、通好みなジビエが入荷することもあるので、最新情報は店のホームページで確認を。

住所：神奈川県藤沢市辻堂4-6-13
電話番号：0466-54-8429
営業時間：11:30〜15:00（L.O.14:00）　17:30〜22:00（L.O.20:30）
定休日：水、第1・3火（祝日は営業、翌日休）
予算：昼3,500円〜7,000円　夜6,000円〜12,000円
HP：https://r-riche.com
※予約をおすすめします。

神奈川県 | 居酒屋

地元酒場 あじと

本州鹿 猪 熊 ハクビシン キョン ヌートリア 鴨 カラス シギ その他野鳥

大船唯一のジビエ専門店。地産地消に力を入れており、伊豆半島や千葉県で獲れたジビエを中心に、多様なジビエを幅広く提供する。低温調理した柔らかな鹿や熊のステーキは、シャリアピンソースなど5種類のソースが選べる人気メニュー。アライグマや猪の鍋、鹿の煮込みハンバーグ、猪と鹿のキーマカレー、スズメやカラスの串焼きなど、日替わりで30種以上の多彩なメニューが並ぶ。石垣島産のクジャクといった珍しいジビエに出会えることも。ジビエのお供には、「加藤農園」の鎌倉野菜を使った名物の「和風バーニャカウダ」もおすすめだ。ランチは、ステーキやカレーなどのお得なセットメニューが楽しめる。

住所：神奈川県鎌倉市大船1-20-5　エスポワールセブン2F
電話番号：0467-40-4384
営業時間：12:00〜14:30（L.O.14:00）　18:00〜24:00（L.O.23:30）
定休日：第1・第3・第5日（ランチは不定休）
予算：昼1,100円〜2,000円　夜3,500円〜6,000円
HP：https://ajito-ohuna.com

神奈川県 | フランス料理

デュ・ヴァン・ハッシシ

鹿 猪 アナグマ 鴨 その他野鳥

横浜中華街の中にある、緑に囲まれたリゾート風のフレンチレストラン。各界の著名人からも愛される西村シェフの料理は、バターや生クリームを控えめにし、素材の香りを引き立てた軽やかなソースが身上だ。ジビエを調理するさいも、香りを特に重視。さまざまな素材を複合的にかけ合わせ、繊細で上品なジビエ料理に仕上げている。ジビエはおもに秋から冬に提供し、山うずらや雷鳥などの野鳥類は、予約時にリクエスト可能。コース料理だけでなくアラカルトメニューも充実しており、大御所シェフの味をワインバー感覚で気軽に楽しむこともできる。また、クリスマスシーズンには飴細工の指輪のプレゼントもあり、デートにもぴったりだ。

住所：神奈川県横浜市中区山下町210-3 パークアクシス1F
電話番号：045-319-4844
営業時間：12:00〜15:00（L.O.14:00） 17:30〜 L.O.20:00
定休日：日、第1・第3月（ランチは木、金、土のみ営業）
予算：昼8,000円〜 夜15,000円〜20,000円
HP：http://www.duvinhachisch.com
※要予約

神奈川県 | イタリア料理

オステリア アウストロ
Osteria Austro

本州鹿 猪 熊 アナグマ ハクビシン アライグマ キョン トド 鴨 シギ その他小動物 その他野鳥

イタリアの街角を思わせる、石造りの風情ある外壁が目印。四季の味わいを徹底的に追求している竹内シェフは、ジビエの旬にも精通しており、狩猟期だけでなく、春には仔鹿やウリ猪、夏には本州鹿やヒグマなど、季節ごとにもっとも美味しいジビエを厳選。シンプルな調理法で、その時期ならではの素材の持ち味を引き出している。猪肉やアナグマの生ハム、猪肉のパスタ、内臓の煮込みなど、前菜からメインまで、多彩なジビエ料理を提供しているので、アラカルトで注文すれば、ジビエ尽くしを楽しむことも可能だ。メルマガ登録をしておくと、メニューには載っていないレアなジビエの入荷情報も手に入る。

住所：神奈川県横浜市中区北仲通3-34-2 1F
電話番号：045-212-1465
営業時間：平日11:30～14:30（L.O.13:30）　土、日、定休日前日11:30～15:00（L.O.14:00）
平日、土18:00～22:00　日、定休日前日18:00～21:00
定休日：月（不定休あり）
予算：昼1,500円～　夜8,000円～10,000円
HP：https://www.austro.jp
※予約をおすすめします。　状況によって、閉店時間が早まる場合があります。

千葉県　バル・ワインバー

ダ・ベー
da.b

本州鹿　猪

ナチュラルワインを専門に扱うワインバル。仕事帰りに1人でもふらりと立ち寄れる気軽な雰囲気で、紅谷シェフの本格的なビストロ料理と珍しいナチュラルワインが楽しめるとあり、地元客で連日賑わう人気店だ。鹿肉のロースト、猪肉の赤ワイン煮込みは、1年中食べられる定番メニュー。ローストには香り豊かな実山椒ソースを合わせ、赤ワイン煮込みには、ホットワインのイメージでアニスなどのスパイスをきかせており、どちらもナチュラルワインの軽やかさによく合う爽やかな味わいが魅力だ。グラスワインは日替わりで10種類以上用意しており、好みや料理に合わせて最適なワインを提案してくれる。

住所：千葉県千葉市中央区弁天1-1-2 be-place 1F
電話番号：043-216-2430
営業時間：18:00～24:30（L.O.23:30）
定休日：月、第1・3・5日
予算：3,000円～6,000円
Instagram：da.b_beniyoshi

千葉県 | 焼き鳥・串焼き

串焼き小野田

本州鹿 エゾ鹿 猪 熊 アナグマ アライグマ キョン 鴨 カラス その他小動物 その他野鳥

ハンターでもある店主が厳選したジビエを、リーズナブルな串焼きで提供。狩猟状況に応じて、野ウサギ、アライグマ、コジュケイ、ヨシガモなどの希少なジビエが並び、「鹿タンと猪タンの食べ比べ」「鹿と行者にんにくのソーセージ」「ササミウニ焦がし」など、希少部位や独創的な創作串も豊富に取り揃える。名物は、バターと和出汁が香る「アナグマの野菜蒸し」。肉と野菜のうま味が融合した滋味深い味わいで、季節によってはキジやウリ坊の蒸し物も楽しめる。キョンの串焼きも店主のイチ押し。鹿とは違う独特の美味しさが魅力だ。実際の猟の様子を動画でも見せてくれるので、探究心がくすぐられること間違いなしだ。

住所：千葉県船橋市本中山3-11-2
電話番号：047-307-9832
営業時間：17:00～23:30（L.O.23:00）
定休日：日
予算：5,000円～8,000円
HP：https://onoda.owst.jp/?lad_media=lis_yahoo&yclid=Y

千葉県 | ワインバー・ダイニングバー

ビストロ コマ
Bistro coma

本州鹿 猪 アナグマ 鴨 カラス

フランスの大衆酒場を思わせる気軽な雰囲気でありながら、本格的なビストロ料理と珍しいナチュラルワインが楽しめると、地元客から愛されている人気店。オープン当初からナチュラルワインを専門に扱っており、オーナー自ら生産現場を視察し、フランス産を中心に、信頼できる生産者のものだけを厳選して提供している。日替わりのアラカルトメニューは20種類以上。鹿と猪は定番メニューとして1年中食べられ、季節によっては、鴨やアナグマなどに出会えることも。ローストには野菜ピュレを組み合わせるなど、素材本来のうま味を生かした軽やかな味つけが特徴で、ナチュラルワインとの相性は抜群だ。

住所：千葉県船橋市西船4-23-11
電話番号：047-401-5285
営業時間：17:00～24:00（L.O.23:00）
定休日：不定休
予算：6,000円～8,000円
HP：なし

ウエトロ
UETRO

本州鹿 エゾ鹿 猪 鴨 その他野鳥

古民家複合施設「はかり屋」内にあるビストロ。築120年の蔵を改築した木の温もり溢れる店内で、ゆったりとコース料理が味わえる。都内の有名ビストロで修業を積んだ植草シェフは「ジビエに抵抗感がある人の意識を変えたい」という思いから、くせがなく食べやすいジビエを中心に使用。名物の「ジビエ パテ・ド・カンパーニュ」は、スパイスや香辛料を控えめにし、鹿肉と猪肉本来のおいしさを味わえるようバランスよく仕上げている。おまかせコースでは、昼は本州鹿、夜はエゾ鹿のローストを提供。クリスマスなどの特別ディナーでは、野鳥のパイ包み焼きなども楽しめる。ランチには、お得な鹿肉ハンバーグのセットも用意している。

住所：埼玉県越谷市越ケ谷本町8-8 はかり屋内
電話番号：048-940-8229
営業時間：平日 昼11:30～15:00（LO.14:00） 夜17:00～22:00（LO.20:00）
土 昼11:30～16:00（LO.15:00） 夜17:00～22:00（LO.20:00）
日、祝日 昼11:30～16:00（LO.15:00） 夜17:00～21:00（LO.19:00）
定休日：月＋不定休
予算：昼1,500円～2,500円 夜6,000円～8,000円
HP：https://www.instagram.com/uetrobistro
※予約をおすすめします。

埼玉県 | フランス料理

サインポスト

signpost

本州鹿 猪 熊 アナグマ アライグマ キョン 鴨

ブルックリンを思わせるインダストリアルデザインの店内。日本ワインやナチュラルワインが豊富で、グラスワイン片手に肩肘張らずにカジュアルなビストロ料理が楽しめる。ジビエは国産だけを使用し、ローストや煮込みのほか、秋山シェフが得意なシャルキュトリーも豊富。名物は、鹿血を使ったソーセージ「ブータン・ノワール」。鹿の挽肉を加えた歯応えのある食感で、ブーダンノワールに初挑戦する人にも好評だそうだ。鹿、猪は通年提供しているほか、仕入れによっては珍しいジビエに出会えることも。夜のアラカルトだけでなく、ランチのコースでもメイン料理にジビエが選べる。

住所：埼玉県川口市幸町2-2-16 クレールマルシェ川口2F
電話番号：048-229-7953
営業時間：17:00～23:00（L.O.22:00）　土、日12:00～23:00（L.O.22:00）
定休日：月、火
予算：昼3,000円　夜6,000円～7,000円
HP：https://winebal-signpost.net
※昼はコース料理のみ

埼玉県 | イノベーティブ

mukuroji ムクロジ

本州鹿　エゾ鹿

築200年以上の蔵を改装した土壁の温もりを感じられるレストラン。大きなテーブルを囲んで皆で食事を楽しむ「ターブルドット」スタイルを採用しており、作家の器が飾られたギャラリーのような贅沢な空間で、非日常を味わえる。岩本シェフの料理は、イタリアンをベースに和食やフレンチなどの技術と食材を取り入れた、繊細で独創的な味わいが魅力。昼、夜ともにおまかせコースのみで、冬にはエゾ鹿、夏は本州鹿がメイン料理で供される。鹿肉のローストには、クロモジ（クスノキ科の樹木）の新芽をスパイスがわりに加えた爽やかなソースを合わせるなど、ジビエ料理でも、岩本シェフならではの軽快かつ個性的な味つけが楽しめる。

住所：埼玉県さいたま市南区鹿手袋6-6-5
電話番号：048-711-7377
営業時間：12:00～15:00（L.O.13:00）　18:00～22:00（L.O.19:00）
定休日：月
予算：昼5,500円　夜10,000円
HP：https://mukuroji.jp
※要予約

愛知県　フランス料理

ビストロ アンジュ

bistro ange

鹿 猪 鴨

20年以上前からジビエ料理をスペシャリテとして提供している老舗レストラン。シェフの鷲見氏は豊橋市きってのジビエ通として知られる。個体の年齢や餌による肉質の差を熟知し、うま味や甘味が強く、ほどよく歯応えを持った肉を厳選して使用。骨から取った出汁を煮詰めて作る古典的なソースを合わせたロースト、鴨や猪などの数種類の肉を食感よく刻み、ワインでじっくりマリネするパテ・ド・カンパーニュなど、フランス料理の伝統が詰まった重厚な味わいの料理に仕立てている。料理はおまかせコースのみで、予算や好みに応じてコースを組み立ててくれる。

住所：愛知県豊橋市西岩田3-3-6
電話番号：0532-66-2066
営業時間：11:30～14:00（最終入店13:00）　18:00～22:00（最終入店20:30）
定休日：月　第3火（祝日の場合は翌日）
予算：昼4,000円～　夜4,500円～
HP：https://bistro-ange.foodre.jp
※要予約。予約は電話でのみ受付

囲炉裏料理　うな革　和なり

鹿　猪　熊　トド

全席に囲炉裏を完備。三河一色産のブランドうなぎ「鰻咲」や、串打ちにした川魚など、新鮮な素材を目の前の囲炉裏で自由に焼いて楽しめる。ジビエの囲炉裏焼きも好評で、ジビエ好きのオーナーがありとあらゆる肉を試し、特におすすめのものだけを厳選。愛知県や長野県で獲れた地元自慢のジビエのほか、本州では滅多にお目にかかれないトド肉もラインナップ。赤ワインや野菜などを独自にブレンドした醤油ベースの自家製たれをつけて味わう。また、京都・祇園の料亭出身の料理長以外に、フランス料理の料理人も在籍しており、コース料理では日本料理とフランス料理の異色のコラボも。ジビエは夜のみの提供。

住所：愛知県名古屋市中区丸の内2－1－19
電話番号：052-221-5055
営業時間：11:30~14:00　17:00～23:00（L.O.22:00）
定休日：日（祝日は夜のみ営業）
予算：昼～1,000円　夜4,000円～10,000円
HP：https://www.instagram.com/wanari_5055

愛知県　　フランス料理

ビストロ・ル・シュマン

Bistro Le Chemin

鹿　猪　熊　アナグマ　ハクビシン　鴨

2018年のオープン以来、ジビエ料理に力を入れているビストロ。パテや赤ワイン煮込みといった定番メニューが並ぶが、出汁には、フランス料理で一般的に用いられる「フォン」のかわりに、鹿骨から取ったブイヨンを使用するなど、寺沢シェフ独自のアレンジが光る。ジビエは国産だけを扱っており、ジビエを使ったコース（税込6,400円〜）は通年食べられる。内臓から頭まで、すべての部位を一皿に盛り合わせた「鴨のロースト」はリクエストが絶えない冬の人気料理だ。3月中旬〜4月には、期間限定で熟成させた鴨肉のパテが登場。熟成で深みが増したパンチのある味わいは、コアなジビエファンの心を鷲掴みにすること間違いなしだ。

住所：愛知県名古屋市中区錦1-14-12 AD錦ビル2F
電話番号：052-231-3551
営業時間：11:30〜 L.O.13:30　17:30〜 L.O.21:30
定休日：月　第３日
予算：昼1,500円〜3,500円　夜6,000円〜8,000円
HP：https://www.bistro-le-chemin.com

愛知県　フランス料理

ミュー

立ち飲みスペースを併設した珍しいレストラン。創作性の高いコース料理やアラカルトだけでなく、ワンコインから食べられるフレンチおつまみも充実。本格的な食事はもちろん、気軽なちょい飲みにも利用できる。ジビエの看板料理は、鹿もも肉の中でも特に柔らかい「シンタマ」を、塊のまま豪快に炭火焼きにしたロースト。うま味と肉汁を閉じ込めたジューシーな肉を、いちじくと赤ワインを使ったソースで濃厚に味わえる。ワインは、添加物を使用しないナチュラルワインだけを世界中から集めており、その数なんと500種類以上。料理に合うワインをソムリエに選んでもらうだけでなく、出入り自由のウォークインセラーで、自らボトルを探せるのも楽しい。

住所：愛知県名古屋市中区栄3-11-15　LRDビル2F
電話番号：052-211-9599
営業時間：17:00～翌0:00（肉料理L.O.23:00、料理L.O.23:15、ドリンクL.O.23:30）
定休日：無休（年末年始を除く）
予算：4,500円～
HP：https://modernbistromu.owst.jp

愛知県 | 焼き鳥・串焼き

ゆっつら

鹿 猪 鴨

築50年の古民家を改装した落ち着いた空間で、串焼きとワインを堪能。ドライエイジングで熟成した牛肉、名古屋コーチン、国産のラム肉をはじめ、全国各地から選りすぐった上質な肉を炭火で焼き上げる。猪肉は脂身の甘さ、鹿肉は赤身の濃厚なうま味を最大限に感じられるよう、自家製の焼き塩と秘伝のたれを使い分け、鴨肉はフレンチ風の赤ワインソースをつけて、重厚な味に仕上げる。季節の野菜を使った肉巻き串や、椎茸にガーリッククリームを詰めた「しいたけ川田」など、創作性の高い串焼きもジビエと一緒にぜひ注文したい。

住所：愛知県名古屋市東区泉1-12-4
電話番号：052-963-9636
営業時間：17:00～0:00（L.O.23:30）
定休日：無休（年末年始を除く）
予算：5,000円～
HP：https://yuttura.owst.jp

愛知県　フランス料理

ボン吉

鹿 猪 熊 鴨

青い扉が目印。鹿の角のドアノブからも吉岡シェフのジビエ愛が伝わってくる。猪は、脂が厚くて身が柔らかい7～10kgサイズの小ぶりの雌、鹿は、余分な脂身がなく、柔らかくてうま味の強いエゾ鹿のもも肉など、使う素材は事細かに選定。臭みを徹底的に排除した調理で、ジビエのよい風味だけを引き出している。スペシャリテは、前菜で供される「パテ・アンクルート」。数種類のジビエを組み合わせたパテをパイで包み焼きにしたクラシックな料理で、ワインが進む深い味わいだ。昼はプリフィックス形式、夜はおまかせコースのみ。熊肉の赤ワイン煮込み、窒息鴨のロティなど、メイン料理でもジビエを堪能したいなら、予約時に必ずリクエストを。

住所：愛知県名古屋市東区代官町27-12 北条ビルD号
電話番号：052-937-0039
営業時間：12:00～14:00（予約は12時のみ）　18:00～22:00
定休日：水（ランチは日、月、火のみ営業）
予算：昼5,000円～7,000円　夜15,000円～20,000円
HP：https://www.bonquitch.com
※要予約

愛知県 | フランス料理

ビストロ ラヴィ
bistro La vie

鹿 猪 ハクビシン 鴨

「日常に溶け込む店」をコンセプトに、コンフィ、クネル、アンドゥイエット、カスレなど、仕込みに手間のかかる伝統的なフランス料理をリーズナブルに提供。フレンチには珍しく、予約なしでふらりと立ち寄れるのも嬉しい。ドイツ料理店での修業経験もある岩本シェフは、シャルキュトリーが得意で、鹿血を使ったブーダン・ノワールは、ほかでは滅多に食べられない逸品だ。ジビエ料理は通年ラインナップしており、猪のローストには、猪肉を使ったアッシェ・パルマンティエ（挽き肉とじゃがいもを合わせたグラタン）が付け合わせとして添えられるなど、1皿で2種類の味が楽しめる料理も多く、お得感満載だ。

住所：愛知県名古屋市千種区高見2-7-10　池下ハクレイビル1F
電話番号：052-734-7979
営業時間：17:00～24:00（最終入店22:30）
定休日：日
予算：7,000円～8,000円
HP：https://www.instagram.com/bistro_lavie

オステリア ノリ

OSTERIA NORI

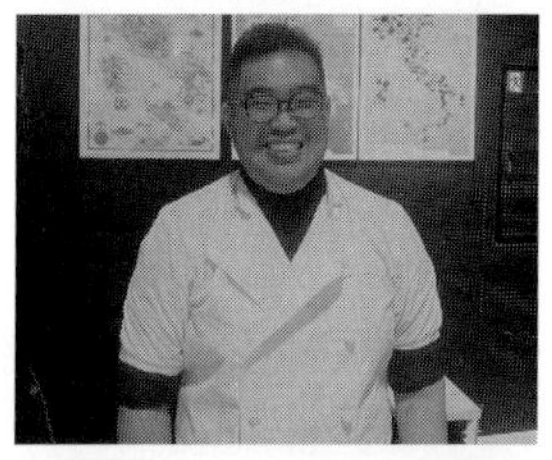

肉好きが昂じて料理の道へ進んだという加藤シェフは、猟師に直接連絡を取って仕入れ先を開拓するなど、ジビエにもそのあくなき探究心を存分に発揮。珍しい種類を積極的に取り入れたり、年間を通して同じ地域のジビエを仕入れ、季節ごとの味の変化を感じられる料理を提供したりと、さまざまな楽しみ方を提案している。ジビエ料理は、ロースト、パスタ、ハムなど、部位別に常時10種類以上がメニューに並ぶ。捕獲された場所からインスピレーションを得て素材を組み合わせることが多く、シェフから聞く素材のストーリーも料理の美味しさを引き立ててくれる。栗のソースを合わせた猪のローストは特に人気が高いので、メニューにあればぜひ注文を。

住所：愛知県名古屋市天白区中平5-2108-2
電話番号：052-838-9231
営業時間：11:30〜14:00（L.O.13:30）平日のみ　18:00〜23:00（L.O.22:00）
土17:00〜23:00（L.O.22:00）
定休日：水
予算：6,000円〜7,000円
HP：https://palvinori.wixsite.com/osterianori

愛知県 | イタリア料理

音楽のように

本州鹿 エゾ鹿 猪

「音楽のように料理で人を元気づける」をテーマに、地元の三河で獲れた魚介やジビエを中心に、優しい味わいのワインと新鮮な食材を使った身体に優しい料理を提供している。堀シェフの料理は、できるかぎりシンプルな味つけに徹することで素材の個性を引き出すスタイル。ジビエは半頭買いをしており、「命を無駄なく使い切りたい」という思いから、さまざまな部位を使った煮込み料理やシャルキュトリーにも力を入れている。中でも、マルサラ酒を使った猪肉の煮込み、ジビエの出汁で煮込んだラグーソースの手打ちパスタは、滋味豊かな味わいが好評だ。おまかせコースが主体なので、ジビエを食べたい場合は、あらかじめリクエストしておくと安心だ。

住所：愛知県高浜市湯山町3-6-18
電話番号：0566-53-1836
営業時間：11:00〜14:30（L.O.13:30） 18:00〜21:30（L.O.20:00）
定休日：水（不定休あり）
予算：昼1,650円〜5,000円 夜4,300円〜7,000円
HP：https://www.ongakunoyouni.jp
※要予約

愛知県　　ダイニングバー

シェルバ
Cierva Pirates dining and bar

本州鹿　猪

「海賊たちの隠れ家」をテーマに、海賊に扮したスタッフがもてなしてくれるコンセプトバー。スペイン語で鹿を意味するCiervaの店名にちなみ、鹿肉と猪肉をそれぞれローストで提供している。オーブンでじっくり柔らかく焼き上げた鹿肉は、スパイスがきいたエスニックソース。低温調理でしっとり仕上げた猪肉は、ハニーマスタードソースでいただける。ほかにも、宝箱に入ったフライドポテト「トレジャーポテト」や、イカを海の怪物に見立てた「クラーケン焼き」など、海賊らしさがちりばめられたメニューが盛りだくさん。アンティーク家具や小物など、細部にまでこだわった空間で、ジビエを豪快に味わいながら非日常を存分に楽しめる。

住所：愛知県名古屋市中区栄5-1-7 ホテルアスティア名古屋栄B1F
電話番号：052-228-7266
営業時間：17:00～24:00（日曜日14:00～22:00）
定休日：月
予算：3,000円～4,000円
HP：https://www.cierva-pirates.net

愛知県 | イタリア料理

チンクエ
自家製パスタと炭火焼 Cinque5

エゾ鹿　猪　アナグマ

フレンチからイタリアンに転身した間瀬シェフが2017年にオープンしたカジュアルイタリアン。名物の炭火焼きは、鹿肉に鮎の魚醤を塗りこんでうま味を深めたり、バターをかけながら水分を閉じ込めたりと、個体に合わせて焼き方を調整。ジューシーさと味の深みを追求した技ありの火入れで、ジビエの美味しさを広げている。脂の甘味が魅力のタン元や、歯切れよく、うま味が凝縮したハツなど、希少部位も頻繁にメニューに並ぶ。ジビエを食べる前に頼みたいのが、液体窒素で凍らせたトマトシャーベットにブッラータチーズを組み合わせた前菜「－196℃のカプレーゼ」。華やかなパフォーマンスも相まって、その後の料理への期待感が高まること間違いなしだ。

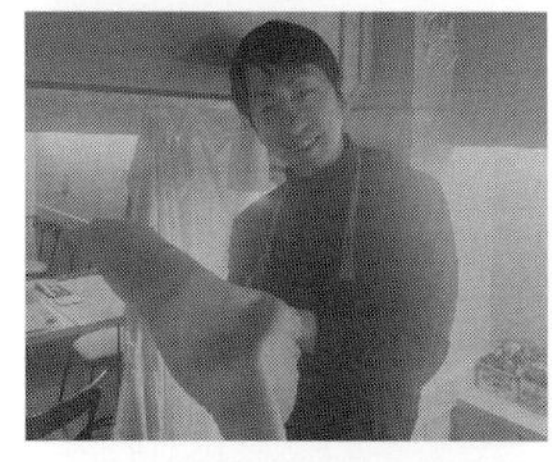

住所：愛知県名古屋市中区新栄1-49-18 第一ビル1F
電話番号：052-252-8338
営業時間：17:00～24:00（L.O.23:00）
定休日：日
予算：7,000円～
HP：https://cinque5.owst.jp

愛知県　フランス料理

ブブ
BUBU

本州鹿　猪　アナグマ　鴨

ガラス張りで爽やかな雰囲気のビストロ。秋から冬にかけてはジビエ料理に注力しており、鹿血を使ったラビオリ、鹿肉のシュー・ファルシ（鹿肉をフォアグラやピスタチオと一緒にキャベツで巻いた料理）など、ネオ・ビストロで長年腕を磨いてきた都築シェフらしい創作性に満ちたアラカルトメニューが並ぶ。1年中食べられる定番メニューの「ジビエのパテ」は、シェフが猟に同行した経験をもとに、ジビエが育った豊かな森の香りをイメージしながら、さまざまなスパイスとハーブを組み合わせた逸品。食べると森の情景が浮かんでくる。ワインは、フランス産のナチュラルワインだけを揃えており、グラスでも気軽に楽しめる。

住所：愛知県名古屋市瑞穂区駒場町1-10 一光ハイツ桜山1F
電話番号：052-887-4569
営業時間：18:00～23:00
定休日：火、水、木
予算：7,000円～10,000円
HP：https://www.instagram.com/bubu.sakurayama
※要予約

愛知県　ワインバー

ヴァンビック

本州鹿　猪　鴨

フランスの二大ワイン産地として知られる、ブルゴーニュ地方のワインに特化した専門バー。隠れ家のような落ち着いた雰囲気の中で、オーナーソムリエの竹本氏とじっくり相談しながら、好みのワインと、そのワインに合うフレンチが食べられる。ジビエは、おもにメインディッシュのローストで提供。ブルゴーニュワインのなめらかな口当たりにマッチするよう、繊維がきめ細かく、うま味の強い赤身肉を厳選し、歯切れよい食感に焼き上げる。オーナーと10年以上タッグを組む柴田シェフが、注文したワインに合わせてソースや付け合わせを考えてくれるので、ワインとの相性は抜群だ。

住所：愛知県名古屋市東区泉2-8-2 ＡＬＡ泉ビル1F
電話番号：052-935-0995
営業時間：18:00〜25:00（日曜日は24:00まで）
定休日：月、火
予算：8,000円〜12,000円
HP：http://www.vinvic.jp
※予約をおすすめします。

愛知県　フランス料理

ビストロ カルナヴァル

本州鹿　エゾ鹿　猪　鴨　その他野鳥

フランスの郷土料理に、日本の旬の食材を融合させたビストロ料理が楽しめる。豊田市の猟師からジビエのいろはを学んだという上島シェフは、ジビエ料理にも力を入れており、狩猟期には約50種のアラカルトメニューのうち、ジビエ料理は3割にも及ぶ。シンプルな鹿や猪のローストが人気だが、猪肉をソーセージや白いんげん豆と一緒に煮込む「猪肉のカスレ」も根強い人気メニュー。猪肉ならではの滋味深い美味しさを求め、毎年訪れる客も多い。また、狩猟期には内臓を使ったジビエ料理も展開しており、鹿の胃袋、ハツ、腎臓、すじ肉を使用したトマト煮込みは、さまざまな食感と、スパイスたっぷりのエキゾチックな味わいがやみつきになる。

住所：愛知県名古屋市中区栄5-18-17コーワビル1F
電話番号：052-251-4868
営業時間：火〜土17:30〜23:00（L.O.22:00）　日17:30〜22:00（L.O.21:00）
定休日：月
予算：6,000円〜10,000円
HP：https://www.carnaval08.com
※予約をおすすめします。

大阪府 | イタリア料理

MAKIBI

鹿

本場ナポリの認定を受けたピッツァ職人の河野シェフが営んでおり、薪火で焼き上げた力強い肉料理と、旬の素材をふんだんに使ったピッツァが名物。ジビエは本州鹿のロース肉を使用。低温調理と薪火を組み合わせた高度な火入れで、肉の外側と内側の食感にコントラストをつけ、みずみずしくも香ばしく焼き上げる。合わせるソースは、ハーブと白ワインヴィネガーの酸味をきかせた爽やかな「サルサヴェルデ」。いぶりがっこを隠し味に使い、鹿肉専用の燻した風味に仕立てている。鹿肉をじっくり煮込んだラグーソースをからめた平打ちパスタも、ジビエファンにおすすめだ。

住所：大阪府大阪市北区西天満3-1-27 メビウス西天満ビル1F
電話番号：06-6585-0766
営業時間：17:00〜23:30（最終入店22:00）
定休日：無休（年末年始、不定休あり）
予算：7,000円〜9,000円
HP：https://www.instagram.com/makibi.osaka/

大阪府　イタリア料理

Ristorante 迫

鹿 猪 キョン アナグマ 鴨 その他野鳥

繊細なジビエ料理が味わえる1日3組限定の隠れ家リストランテ。日本で古来から重んじられてきた「五味・五色・五法・五覚・五適」を料理の要と考える迫シェフの料理は、コース全体で五感が刺激される。料理はおまかせコースのみで、シェフが特に好きだというアナグマやエゾ鹿は、メイン料理だけでなく、うま味を生かしたパスタやラビオリでもいただける。冬には、雷鳥や山ウズラといった通好みの野鳥もリクエストに応じて提供。前菜、コンソメ、リゾットなど、さまざまな調理法で1羽を丸ごと楽しめる充実のコースに仕立ててくれる。

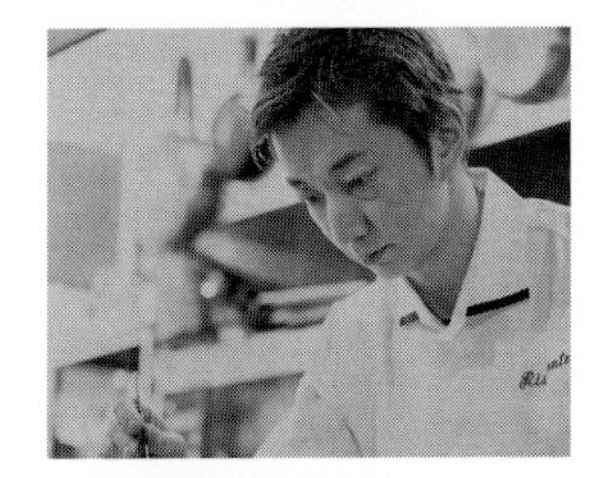

住所：大阪府大阪市北区末広町3-2　ヤマモトビル1F
電話番号：06-6311-8312
営業時間：12:00〜15:00（L.O. 13:00）　18:00〜22:30（L.O.19:30）
定休日：水（ランチは水・木曜日定休、月１回不定休あり）
予算：昼5,500円〜8,000円　夜 11,000円〜15,000円
HP：https://www.ristorante-sako.com
※要予約

大阪府　イタリア料理

かちゃとーれヤマガミ

鹿 猪

カチャトーレは猟師を意味するイタリア語。料理人兼ハンターでもある兄から調理技術と素材の目利きを学び、５年前に店を受け継いだという店主の山上氏が、ジビエと生パスタを専門に提供している。鹿肉と猪肉を使った肉厚なサルシッチャ、パテ、ライスコロッケといった手の込んだジビエ料理の数々を１皿からリーズナブルに食べられるとあり、しっかり食事を楽しむ人はもちろん、カウンターでワイン片手にちょい飲みを楽しむ常連客も多い。パスタランチでは、日替わりメニューでジビエを使ったボロネーゼもいただける

住所：大阪府大阪市北区豊崎4-3-1
電話番号：06-6743-4164
営業時間：11:30～ L.O.13:30　18:00～ L.O.22:00
定休日：日、祝（不定休あり）
予算：昼850円～1,200円　夜3,000円～5,000円
HP：https://www.instagram.com/cacciatore_yamagami/

大阪府 | フランス料理

ビストロリアン

鹿 猪 ヌートリア アナグマ 鴨 その他野鳥

オーナーの芝田シェフが一人で切り盛りする、カウンター席をメインとしたアットホームなビストロ。ヌートリアやアナグマなど、今をときめくジビエを積極的に取り入れており、その日に届いた素材と向き合い、その場で料理を組み立てるライブ感のある料理が堪能できる。「上品なジビエが好き」だという芝田氏のジビエ料理は、肉のうま味を引き出しつつも独特のくせがなく、ジビエ入門者と来店するのにもうってつけだ。リピート率ナンバーワンは、通年提供している「鹿ロース肉のロースト」。じっくり焼いた上品なロース肉を、ベリーピュレなど、季節ごとに異なるソースで味わえる。

住所：大阪府大阪市旭区高殿7-7-3　パールハイム高殿1F
電話番号：050-5462-1643
営業時間：12:00〜14:30（L.O.13:00）　18:00〜22:00（L.O.20:30）
定休日：　不定休
予算：昼4,000円〜　夜5,000円〜
HP：https://bistrolien.foodre.jp

大阪府　無国籍料理

nomulabo

鹿

ワインによく合う洗練されたおまかせコースがいただける。岩澤シェフは料理修業だけでなく、ニュージーランドやドイツなど、各国に赴いてワイン醸造技術を学び、外国の肉食文化にも親しんできた。そんな岩澤氏の料理は、日本料理をベースにしながら、ソースに中国調味料の豆鼓を取り入れるなど、各国の調味料や素材を自由自在に駆使し、遊び心にあふれている。鹿肉は、9～10皿のスタンダードコース（税込9,900円）で提供。噛み締めたときの赤身のうま味と歯切れのよさを両立した肉を厳選し、おいしさをダイレクトに味わえる炭火焼き、中心をレアに仕上げたカツレツなどで味わえる。料理に合わせたワインのペアリングはぜひ注文したい。

住所：大阪府大阪市中央区谷町7-6-4　ときわハイツ1F
電話番号：080-4013-1838
営業時間：18:00～22:30
定休日：不定休
予算：1,1000円～
HP：https://www.instagram.com/nomulabo/
※要予約で昼営業も可能

キアラ
Chiara

鹿 猪 熊 鴨 その他小動物

北イタリアの雄大な自然に魅了され、ピエモンテ州やロンバルディア州で乳製品を巧みに使った山の料理を学んだ永谷シェフ。修業時代にはトナカイやヤギなどのジビエに触れる機会も多かったという。現在は、北イタリアの伝統料理をベースに、日本人好みに食べやすいようにアレンジした素朴で力強い料理が評判だ。ジビエはおもに冬から春にかけてのメニューで、エゾ鹿や鴨を中心に、猪、熊、アナウサギなど、そのときどきに応じて状態のよい素材を提供している。ローストには内臓を溶け込ませた濃厚なサルミソースを合わせるなど、ジビエ特有の香りやうま味を生かした料理に仕上げている。

住所：大阪府大阪市天王寺真法院町20－2
電話番号：06-6777-9339
営業時間：17:00～23:00
定休日：水
予算：10,000円～15,000円
HP：https://www.instagram.com/chiaradal2019/

大阪府　　焼肉・鉄板焼き・肉料理

上田商店

鹿　猪　熊　鴨　爬虫類　その他野鳥　その他小動物

ジビエ焼肉と鍋の専門店。地元・能勢町の豊かな自然に惚れ込み、信頼できる能勢の猟師からジビエを直接買いつけるほか、料理にはミネラル分豊富な能勢の温泉水を使用している。税込15,000円のコースでは、鹿、猪、ツキノワグマなどの多彩なジビエを、鍋、焼肉、すき焼き、炊き込みご飯とバリエーション豊かに堪能でき、飲み放題までついてくる。希少な熊の手とスッポンを煮込んだスープでいただく熊肉しゃぶしゃぶ「月鍋コース」や、能勢産の天然スッポンを使った６～10月限定のコースも好評だ。常連になると、鹿や猪の希少部位やカラスなどのマニアックなジビエを味わうチャンスも。基本は紹介制だが、『ジビエガイド』読者限定で予約を受けつける。

住所：大阪府大阪市東住吉区針中野1-14-13
電話番号：非公開
営業時間：18:00～22:00（予約は18:00、19:00、20:00の受付）
定休日：日、祝
予算：15,000円～25,000円（ドリンク持ち込み無料）
HP：https://www.instagram.com/shinta_ueda/
※インスタグラムのDMにて予約受付。「『ジビエガイド』を見た」とご記載ください。

Bullet

猪 熊 鴨 両生類 その他野鳥

本格中華の中に、和、洋、エスニックの素材を自由自在に取り入れた創作性の高い料理が好評。ディナーは1日1組（2名以上）のみで、好みと予算に応じて特別コースに仕立ててくれる。ジビエファンなら、希少な熊の手を丸ごと煮込む中国満漢全席の伝統料理「熊の手の醤油煮込み」はリクエスト必須。ほかにも、キジのフカヒレ煮込みや、中国では定番素材であるカエルを使った料理も、白澤シェフの得意とするところだ。ランチは、ディナーとはうってかわり、粗挽き食感が特徴的な四川風麻婆豆腐などを気軽に楽しめる。運がよければ、ランチでもヒグマの醤油ラーメンなどのジビエ料理に出会えるかも。

住所：大阪府大阪市西区江戸堀1-9-13　ネクサス肥後橋ビル1F
電話番号：非公開
営業時間：11:00〜売り切れ次第終了（L.O. 13:40）　18:00〜23:00
定休日：土、日、祝（昼は不定期での営業）
予算：昼1,500円〜　夜13,000円〜45,000円
HP：https://www.bullet0725.com
※要予約。予約はインスタグラムのDMにて受付

大阪府 | アジア・エスニック料理

ヌワラ カデ

鹿 猪 熊

スリランカカレーブームの先駆けとなった名店のひとつ。スリランカ出身のロッディゴシェフが、あえて日本人の舌には合わせず、現地の食堂の味をそのまま再現。手食メニューもあり、旅行気分が味わえる。カレーは15種類から選べ、鹿肉カレー、猪肉カレーは定番メニュー。カレーの上に乗せられた骨つき肉は迫力満点だ。どちらも一頭丸ごと仕入れ、骨ごとよく煮込んで出汁を引き出し、具材に合わせてスパイスもそのつど調合しており、ジビエの個性が光る味わいだ。季節によってはツキノワグマのカレーが食べられることも。ほかにも、薄切りにした猪肉をスパイスで炒めた酒肴も人気を集めている。

住所：大阪府大阪市西区江之子島1-6-8
電話番号：06-6443-4636
営業時間：11:00〜15:00（L.O,14:30）　17:00〜22:00（L.O.21:30）
定休日：水
予算：昼1,900円〜　夜1,900円〜
HP：なし

大阪府 | 日本料理

肉割烹 ASATSUYU

鹿 猪 熊 アナグマ 鴨

全国的にも珍しい肉専門の割烹料理店。ジビエをはじめ、全国各地から厳選された多種多様な肉を、趣向を凝らした料理で味わえる。「おまかせコース」では10種類以上の肉が提供され、そのうち3種以上はジビエが必ず含まれるのが嬉しいところ。コースのメインは、店中央に鎮座する囲炉裏を使った炭火焼き。素材の個性が最大限に感じられるよう、産地や熟成加減を見極め、熟練の技でじっくり焼き上げており、種類ごとの味の違いを存分に食べ比べられる。冬には、甘くて脂ののったロース肉や肩ロース肉を使った牡丹鍋も楽しみだ。

住所：大阪府大阪市西区北堀江1-14-6　クレインコート北堀江II 2階
電話番号：06-6695-7787
営業時間：18:00〜24:00（一部：18:00〜20:30、二部：21:00〜23:30）
定休日：水
予算：15,000円〜
HP：https://asa-tsuyu.com
※要予約

大阪府　日本料理

十月二日

鹿 猪 熊 アナグマ ハクビシン アライグマ 鴨 カラス

看板に書かれた茶目っ気たっぷりの日替わりメッセージが入店前の楽しみ。店主の山崎氏が選び抜いた日本酒と、それによく合う肴が並ぶカウンターだけの小料理店で、つまみはワンコインから食べられる。ふらりと気軽に立ち寄れる雰囲気ながら、料理は手間ひまかけた一級品。ジビエ愛も深く、鹿や猪はもちろんのこと、秋〜冬にかけては、1頭買いしたアライグマやアナグマを、鍋、ベーコン、冷製パテなど、ジャンルに捉われずにさまざまな調理法で提供している。藁で香りよく焼き上げたカラスも人気急上昇中だ。ジビエ料理は、アラカルトで税込1,800円から。コース料理にも対応している。

住所：大阪府大阪市福島区鷺洲2-11- 1
電話番号：050-8884-8094
営業時間：17:00〜23:00（L.O. 22:30）
定休日：日、10月2日
予算：7,000円〜
HP：https://www.instagram.com/jyugatufutuka

大阪府　フランス料理

ミチノ・ル・トゥールビヨン

鹿　キョン　猪　熊　アナグマ　ハクビシン　ヌートリア　鴨　シギ　その他野鳥

料理人人生45年。大阪のフランス料理を牽引してきた巨匠・道野シェフが、いま生み出すのは、フレンチの伝統を独自の理論で解釈し、余計なものを一切削ぎ落としたピュアな料理だ。「食材の声を聞くのが一番」と話すように、ジビエは個体ごとに個性を的確に見極め、その素材がもっとも輝くように調理法や合わせるソースを見極めていく。野鳥は網獲りされたものだけを使用するなど、ジビエは高品質な国産品だけを選定。北海道でのシェフ時代には、獲れたてのエゾ鹿を自らさばき、腕を磨いてきたというだけに、四つ足ジビエの料理には、特に卓越した技術を誇る。予約のさいはジビエのリクエストを忘れずに。

住所：大阪府大阪市福島区福島6-9-11　神林堂ビル1F
電話番号：06-6451-6566
営業時間：11:30〜14:00（L.O.12:30）　17:30〜22:30（L.O.20:00）
定休日：月（祝日の場合は翌火曜日）　臨時休業あり
予算：昼　9000円〜12,000円　夜20,000円〜25,000円
HP：https://www.michino.com
※前日までに要予約

大阪府 | 居酒屋

近所のおばはん

鹿 猪 熊 アナグマ ハクビシン アライグマ ヌートリア 鴨 その他野鳥 爬虫類 両生類 昆虫

春は山菜取り、夏は釣り、秋は畑仕事、冬は狩猟と、丹波篠山で一年中野山を駆け回るアウトドア派な料理人が営む居酒屋。アライグマ、ヌートリア、カラス、カワウなど、多様なジビエがメニューを賑わせ、一風変わった素材が食べられるとマニアの間でも話題沸騰中。両生類や昆虫を使った料理もあり、昆虫食の研究家など、海外から足を運ぶ客も多い。シンプルな塩焼きから、グラタン、鍋、ジャーキー、中華風の炒め物まで、日替わりで並ぶ20種以上の豊富なメニューは見ているだけでワクワクさせられる。食材への探究心に火がつくこと間違いなしだ。

住所：大阪府大阪市西成区鶴見橋1-4-14
電話番号：06-6630-0880
営業時間：17:30～24:00
定休日：11月15日～3月15日まで土、日　3月16日～11月14日まで不定休
予算：　～5,000円
HP：https://www.instagram.com/kinoba0880/

大阪府　フランス料理

フレンチ食堂 エスカルゴ

鹿 猪 鴨 その他野鳥

下町・我孫子の地で、35年以上に渡って愛されている老舗ビストロ。フランスでの修業経験もある藤原シェフが、フランス人が食べてホッとする現地の味を目指し、肩肘張らない庶民的な料理を提供している。前菜、メインともに10種類以上の中から自由に選べるプリフィックス形式のコースで、ジビエは常時ラインナップ。ポワレ、ソーセージ、ワイン煮込み、カスレなど、豊富なジビエ料理が楽しめるが、シェフのいち押しはジビエのうま味をクリームソースの中に閉じ込めた「ブランケット」。また、8割以上の人が頼むという看板料理「エスカルゴのオーブン焼き」は、珍しい国産のエスカルゴを使用しており、前菜でぜひチョイスしたい。

住所：大阪府大阪市住吉区苅田7-7-5　西村第2マンション1F
電話番号：06-6697-7723
営業時間：11:30〜14:30（L.O.13:00）　18:00〜21:30（L.O.20:00）
定休日：木
予算：昼2,500円〜3,500円　夜5,000円〜6,000円
HP：https://lescargot.exblog.jp
※前日までに要予約

大阪府　フランス料理

BISTROにふぇー

本州鹿　エゾ鹿　猪　熊　アナグマ　アライグマ　鴨　その他野鳥

「フランス料理を日常で気軽に食べてほしい」という奥谷シェフの願いどおり、山小屋風のこぢんまりとした店内は、いつも地元の常連客で賑わう。自然豊かな能勢の地で、自ら畑で野菜を育て、鹿や猪の狩猟にも励んでいるというシェフの得意料理は、もちろんジビエ。パテ、生ハム、ワイン煮込みといった定番のビストロ料理に、昆布や椎茸などの和の素材をかけ合わせ、ジビエの奥深い味わいを巧みに引き出すのが奥谷流だ。秋冬の人気メニューは、炭火でじっくり焼き上げた「真鴨のグリル 血のコンソメ仕立て」。鴨のガラと血から取った濃厚なコンソメをソースとして合わせており、素材のうま味をあますことなく味わえる。

住所：大阪府池田市城南2-1-22
電話番号：072-754-1730
営業時間：17:30～22:30（L.O.22:00）
定休日：不定休
予算：5,000円～
HP：https://www.instagram.com/yoshitomo3280/

廉 REN

猪 熊

本格的な日本料理を肩肘張らずに楽しめる割烹料理店。カウンター席がメインで、一人でも気軽に入りやすいのが嬉しい。新鮮な旬の素材を使ったメニューは、なんと120種類以上。「作法など気にせず、好きなものを、好きな順番に、好きなだけ食べてほしい」と話す野原料理長は、ハーフサイズや、数種類の料理の盛り合わせなど、さまざまな要望に柔軟に応じてくれる。11月から3月までは、旬の素材としてツキノワグマと猪がメニューに登場。脂がよくのったロース肉やバラ肉を使った上品でコクのある煮物はリピーターも多く、冬の名物となっている。

住所：大阪府大阪市中央区谷町7-6-3-101
電話番号：06-4305-4380
営業時間：17:00～22:00
定休日：水　第3木
予算：10,000円～15,000円
HP：https://www.ren23.net

大阪府 | イタリア料理

ムラタ料理店

本州鹿 エゾ鹿 猪 アナグマ

2023年にオープンした新進気鋭のイタリアン。なにわ野菜をはじめ、地元の新鮮な素材を使った料理が自慢だ。夜のメニューはアラカルトが主体で、ジビエは一年中ラインナップ。鹿肉のローストには、金時にんじんのピュレを添えたり、アナグマのラグーソースには、富田林産の里芋で作ったもっちりとしたニョッキを合わせたりと、ジビエ料理にもなにわ野菜を積極的に組み合わせており、意外な相性のよさを楽しめる。ランチは、前菜の盛り合わせと好きなパスタが選べるお得なセットを用意。ジビエがメニューが並ぶこともある。予算と好みに応じた特別コースにも対応している。

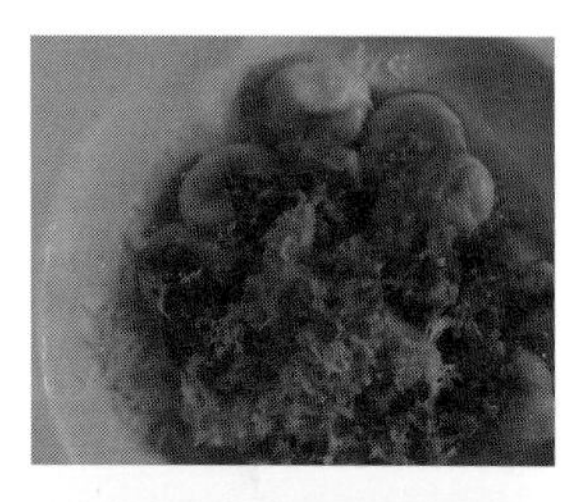

住所：大阪府大阪市阿倍野区文の里3-2-15
電話番号：06-7777-5528
営業時間：11:30～L.O.14:00　17:30～L.O.21:00　土、日、祝12:00～L.O.21:00（ランチメニューはL.O.14:00）
定休日：水
予算：昼1,800円～4,000円　夜6,000円～8,000円
HP：https://www.instagram.com/murataryouriten

大阪府 | イタリア料理

ヴィア デル エンメ
via del em me

鹿 猪

オーナーシェフの前田氏自らソムリエの資格を有し、料理とワインのペアリングには定評あり。低温調理した鹿肉を細かく刻み、チーズ、スパイス、ハーブ、ナッツと一緒にあえた「鹿のタルターラ」、チョコレート入りの生地に、猪肉の煮込みとモッツァレラチーズを包んで焼いた「猪のカネロニ」など、「なじみのある素材で、新しい味を作る」をモットーにした前田氏の料理は、いつも新鮮な驚きにあふれている。昼、夜ともにおまかせコースのみなので、予約のさいには、ジビエの入荷があるか必ず確認を。雷鳥や鴨などもリクエストすれば食べられる。

住所：大阪府大阪市福島区福島7-7-10グレイス福島ビル1F
電話番号：06-6225-7809
営業時間：12:00～15:00（L.O.14:00）　18:00～23:00（L.O,20:30）
定休日：月（火はランチのみ休）
予算：昼5,000円　夜7,000円～
HP：https://www.viadelemme.com
※要予約

大阪府 | 居酒屋

炭火焼きビストロ TRAD(トラッド)

本州鹿 エゾ鹿 猪

大阪の有名ホテルで修業を積んだ平井シェフの料理を、ワンコインから楽しめるフレンチ居酒屋。ワインだけでなく日本酒も充実しており、料理はどちらの酒にもマッチするよう、和の調味料を積極的に使用している。名物は炭火焼きで、遠赤外線を放射する高性能グリルと炭を併用し、ふっくら柔らかく、香りよく焼き上げている。ジビエはほどよく熟成させ、野趣に富んだ風味を引き出しており、みりんや醤油を隠し味に加えた赤ワインソースや、旬の野菜に奈良漬けや大葉などを加えた特製野菜ピュレで味わえる。ほかにも、低温調理した鹿肉をミンチにしてソースをからめた冷前菜「鹿肉のタルタル」など、ジビエの濃厚さが引き立つ料理を提供している。

住所：大阪府大阪市住吉区苅田7-10-12
電話番号：070-1488-4249
営業時間：17:30〜23:30（L.O.23:00）
定休日：月（月に1〜2度日曜日の不定休あり）
予算：3,500〜4,000円
HP：https://www.instagram.com/bistro.trad

大阪府 | イタリア料理

ワイン酒場Rino

鹿 猪 熊 アナグマ

鮮度抜群のジビエと産地直送の鮮魚が自慢。黒板には、メニューがわりにその日の特選食材が書かれ、食材を選ぶと、好みに応じて料理を提案してくれる。各地域に足を運び料理探求してきた谷本シェフは、日本の素材の個性を際立たせるべく、イタリア料理の技法に和の調味料を融合させた味づくりが得意。脂がのった冬場の猪やアナグマは、味噌と和出汁を使って脂のうま味を煮汁に閉じ込めた「どて焼き」風のイタリアン煮込みがおすすめだ。また、うり坊や鹿肉の炭火焼きでは、旬の野菜をソースにするなど、どの料理も四季の美味しさが感じられる。昼はパスタランチのみの営業だが、事前予約をすればアラカルトでジビエ料理も食べられる。

住所：大阪府堺市北区中百舌鳥町5-669ラレックス中百舌鳥ライフワンビル１階
電話番号：072-355-8365
営業時間：11:30〜15:00（L.O.13:30） 18:00〜23:00（L.O.22:00）
定休日：火曜日＋1日（金はランチのみ休）
予算：昼2,000円〜3,000円 夜6,000円〜8,000円
HP：https://www.instagram.com/winesakaba_rino_nakamozu

大阪府 | フランス料理

キュニエット

cugnette

エゾ鹿　ヌートリア　鴨　その他野鳥

京都の畑まで買いつける有機野菜、フランス産のナチュラルワイン、天然の魚介やジビエ、卵、小麦粉に至るまで、こだわり抜いた高品質な食材だけを厳選。青を基調とした落ち着いた空間で、岩井シェフ渾身のクラシックな料理を堪能できる。ジビエは、北海道の釧路湿原近くで獲れたエゾ鹿を1年を通して提供。熟成させずにフレッシュな食感を生かし、ローストやピカタ、コンソメスープなどに仕立てている。昼夜ともにおまかせコースのみ。頼んだワインに合わせてソースをアレンジしてくれるので、料理と酒のマリアージュもばっちりだ。狩猟期にリクエストすれば、山鳩やカラス、ヌートリアなど、通好みのジビエ料理も楽しめる。

住所：大阪府大阪市北区堂島1-3-16　堂島メリーセンタービル4F
電話番号：06-6345-0890
営業時間：11:30～14:30（L.O.13:00）　17:30～22:00（L.O.20:00）
定休日：日（不定休あり。水はランチのみ休）
予算：昼8,500円～　夜16,000円～
HP：https://www.osaka-cugnette.com/
※要予約

大阪府　　台湾料理

ネオ タイワニーズレストラン　タブノアナ

Neo Taiwanese Restaurant tabunoana

本州鹿　猪　熊　アナグマ　ハクビシン　アライグマ　キョン　鴨　その他小動物

台湾の伝統料理と、他国の影響を受けて独自の発展を遂げた現代料理とを融合させたオリジナルコースを展開。台湾にルーツを持つ田淵シェフが、幼い頃から慣れ親しんできたリアルな食文化を堪能できる稀有なレストランだ。ジビエは、台湾の原住民にとって重要な食文化のひとつ。雑穀を中東料理のクスクス（世界最小のパスタ）に見立てたサラダ、台湾の調味料・沙茶炒山羌(サーチャージャン)を使った炒め物など、台湾で高級食材として知られるキョンを中心に、ジビエ料理が1年中楽しめる。また、干しアワビや干しナマコ、フカヒレといった高級食材をふんだんに使用した名物スープ「佛跳牆(フォーティァオチャン)」は、予約時のリクエストでハクビシン入りにも変更可能だ。

住所：大阪府大阪市中央区博労町4-7-3　T3SHINSAIBASHビル B1F
電話番号：06-6251-5892
営業時間：11:30～ L.O.14:00　17:30～22:00（L.O.21:00）
定休日：水・日
予算：昼1,000円～2,000円　夜7,000円～8,000円
HP：https://neotaiwaneserestaurant.hp.peraichi.com/tabunoana-top
※予約をおすすめします。

大阪府 | ジビエ専門料理

イデマツ
idematsu

本州鹿 エゾ鹿 九州鹿 猪 熊 アナグマ ハクビシン アライグマ キョン ヌートリア 野うさぎ その他小動物 鴨 カラス シギ その他野鳥

扱うジビエは30種以上。料理はおまかせのジビエコースのみ。ジビエに魅せられた出口シェフ渾身の料理を堪能できるフレンチだ。使用するジビエは、個体ごとに処理施設と綿密な打ち合わせを行い、適切に熟成させてから直送。あえて塩だけのシンプルな味つけで焼き上げ、個性を最大限まで引き出した肉の美味しさには、ジビエの概念すら変える力がある。メイン料理は、名物の熟成エゾ鹿のほか、リクエスト次第で珍しいジビエにも変更可能。ヒグマの脾臓、鹿の乳腺など、内臓料理もいただける。新たな表現を探求すべく、昼は中華やエスニックなど他ジャンルにも挑戦しており、コース料理以外にも日替わりで1,000円前後のカジュアルランチを提供している。

住所：大阪府大阪市北区西天満6-6-2　村上ビル1F
電話番号：090-2100-8392
営業時間：昼11:30～L.O.13:30　夜18:00、19:00、20:00入店
定休日：日、祝
予算：昼1,000円～　夜10,000円～15,000円
HP：https://www.instagram.com/idematsu
※要予約。カジュアルランチのみ予約不要

中国菜 火ノ鳥

猪 鹿 熊

広東料理や北京料理の古典文献を紐解き、独自の解釈を加えながら、中国の古典料理を再現。井上料理長が試みるユニークな手法と、ここでしか食べられない繊細な料理の数々で、予約困難店へと上り詰めた。カウンターを主体とした割烹スタイルで、料理は19皿からなる特別コースのみ。1か月単位でメニューが変わり、ジビエは秋から冬にかけて登場する。熊、鹿、猪の骨と赤身から出汁を取り、フカヒレを炊く山東省由来のスープ、猪肉の水餃子、熊の手の醤油煮込みなど、前菜、点心、麺、スープとさまざまな調理法で提供している。紹介制のため、新規の予約は受け付けていないが、機会があれば感動をぜひ味わってほしい。

住所：大阪府大阪市中央区伏見町2-4-9
電話番号：非公開
営業時間：不定
定休日：不定休
予算：不定
HP：なし
※会員制

大阪府 | ワインバー

ワインバー　ビルド
Wine bar build

本州鹿　猪　熊　キョン　アナグマ　アライグマ　ハクビシン　ヌートリア　鴨

阿波座駅近くのビル地下にひっそり佇む隠れ家ワインバー。料理に合わせやすいリーズナブルなグラスワインが並ぶほか、愛飲家の間で話題の「辰巳蒸溜所」のクラフトジンやアブサンも取り揃えている。調理師学校での講師経験を持つ佐貫シェフは、四つ足のジビエを中心に、本格的なフランス料理からエスニックまで、ジャンルに捉われない多彩なジビエメニューを開発。アライグマの一枚肉にミンチを詰めて赤ワインで煮込む「バロティーヌ」、6種のジビエを混ぜ合わせたパテ、ボロネーゼ風のキョンの坦々麺、塩レモンとスパイスでジビエと野菜を蒸したタジン風の蒸し焼き、アナグマのしゃぶしゃぶサラダなど、ここでしか食べられない料理が満載だ。

住所：大阪府大阪市西区江之子島1-6-2 奥内第8ビルB1F
電話番号：非公開
営業時間：18:00〜23:30（L.O.23:00）
定休日：日、祝
予算：6,000円〜7,000円
HP：https://www.instagram.com/winebarbuild
※予約はインスタグラムのDMで受付。昼はパスタランチのみ。

大阪府 | フランス料理

エプバンタイユ

本州鹿 エゾ鹿 猪 熊 アナグマ アライグマ 鴨 シギ その他野鳥

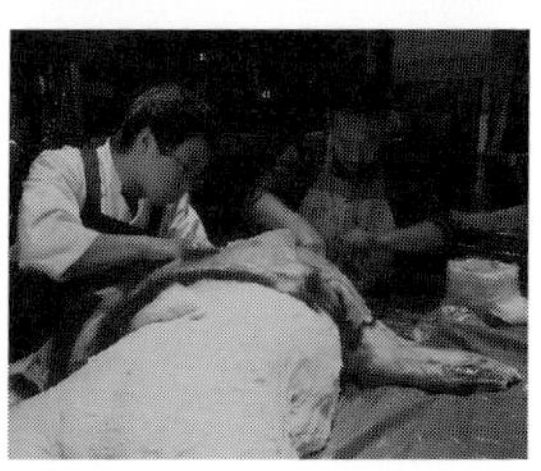

1980年にオープンした、フランス料理の黎明期を支えた名店のひとつ。ハンター歴50年を超える山田シェフは、福井県で自ら仕留めた野鳥類をはじめ、確かな目利きで選ばれた極上のジビエを創業当時から提供してきた。真鴨の中に刻んだ茸を詰め、1羽丸ごと焼き上げた豪華なロースト、熊の脂身でトリュフと赤身を巻き、熊の出汁と一緒に蒸し上げた香り豊かな一皿など、フランスでは貴族の食文化として発展してきたジビエらしい、格調高い料理が味わえる。ワインは持ち込みOK、料理はアラカルトでもコースでもどんなリクエストにも対応可能。山田シェフの懐の深さもまた、エプバンタイユの魅力である。

住所：大阪府大阪市中央区南船場4-13-19
電話番号：06-6252-4648
営業時間：11:00～ L.O.22:00
定休日：不定休
予算：昼6,000円～　夜20,000円～
HP：　なし
※要予約

大阪府　イタリア料理

ベニソン バイ テッラ

VENISON by TERRA

鹿 猪 鴨

「身体によくて美味しい」をテーマに、無農薬・無除草剤で育てられた農作物や自然派ワイン、自然放牧の家畜など、自然に近い環境で育った安心安全な素材を厳選。10席のみ、週末だけの営業で、知る人ぞ知るオーガニックレストランだ。料理人歴30年以上の河村シェフは、栄養価の高いジビエにも力を入れている。バターを何度もまわしかけて風味よく焼き上げる自慢の鹿ローストは通年提供し、狩猟期には、猪や鴨もラインナップ。テリーヌ、ソーセージ、鹿の脳を使ったフリットなど、充実したアラカルトメニューが並ぶ。「おまかせシェフコース（要予約）」「おまかせシェアコース（要予約）」は、その日のオススメ料理がいろいろ食べられると評判だ。

住所：大阪府大阪市淀川区木川西2-26-15-1F
電話番号：06-4805-9029
営業時間：17:30～ L.O.21:00
定休日：月～木
予算：8,000円～10,000円
HP：https://www.2001terra.com
※予約がベター

大阪府 | 居酒屋

鹿肉料理専門店 Buttocks（バトックス）

「鹿肉の美味しさを広めたい」と話す花尻氏は、カツ、生姜焼き、チゲラーメンなど、なじみ深い料理をアレンジしたオリジナルメニューを考案。鹿肉らしさを十分に感じられるように工夫を重ねた豊富なレパートリーで、鹿肉の魅力を多角的に表現している。酢豚の鹿肉バージョン「スジカ」や、鹿肉入りチャーハン「鹿めし」など、中華出身の料理人らしいメニューも。鹿肉を厚切りバゲットにのせ、爽やかなバジルソースをかけた看板料理の「鹿パン」は、鹿肉のうま味がパンに染み込み、やみつきになる味だ。山小屋風の落ち着いた店内は、カウンターとテーブル席のほか、2階にはプチパーティーも可能なソファ席も完備している。

住所：大阪府大阪市中央区千日前1-4-19 中島ビル1F
電話番号：06-6213-0302
営業時間：19:00～翌1:00（L.O.0:00）
定休日：日
予算：3,500円
HP：https://buttocks.owst.jp

宮城県　　フランス料理

ご褒美レストラン　アポロン

鹿 猪 熊 アナグマ 野うさぎ 鴨 シギ キジ 山鳩

アンティーク家具で統一された店内は、古き良きフランスを思わせる雰囲気。「メゾン・ラムロワーズ」「ポール・ボキューズ」など、フランスの名店で修業を積んだ平シェフは重厚なソースを重んじたクラシックな料理を得意としている。ハンターでもある平シェフのスペシャリテは、もちろんジビエ。野鳥はすべてヘッドショットで獲られたものを使用し、骨から出汁を取ってソースに仕立て、羽はプレゼンテーションに使用するなど、命を無駄なく使い切ることを徹底。新鮮な内臓類まで余さず食べられるローストを中心に提供している。毎年10月〜2月にはジビエ・フェアを開催。4〜5種類のジビエを使ったフルコースが堪能できる。

住所：宮城県仙台市青葉区一番町2-11-12　プレジデント一番町105
電話番号：022-797-6447
営業時間：11:30〜14:00　17:45〜22:00
定休日：日
予算：昼5,000円〜　夜10,000円〜
HP：https://www.gohoubi-restaurant-apollon.com
※要予約

長野県　ジビエ専門料理

食堂 野山

本州鹿　猪　熊　アナグマ　ハクビシン　鴨　カラス　その他野鳥

ジビエ料理が味わえる名宿として知られた「ざんざ亭」の店主が、2023年3月にオープンさせたレストラン。南アルプス・仙丈ケ岳の麓にある古民家をリノベーションした落ち着いた店内で、地元のジビエと山の幸を使った薪窯料理が楽しめる。「ジビエを余さず使い切る」をモットーに、内臓調理の研究にも励んできた店主の長谷部氏。夜のコースでは、ジューシーに焼き上げた自慢の薪窯料理はもちろん、アミューズや前菜では、鹿の血のタルト、肝臓のサブレサンド、脳の天ぷらなど、趣向を凝らした内臓料理も満載。ランチは気軽な食堂スタイルで、鹿肉を中心とするジビエの定食や麺類を提供。年内にはジビエの処理場も併設予定で、さらなる進化が楽しみだ。

住所：長野県伊那市長谷中尾512
電話番号：なし
営業時間：11:30～14:30　18:00～
定休日：昼のみ月・火・水（夜は予約次第）
予算：昼1,000円～3,000円　夜15,000円～
HP：（現在制作中）
※夜のコースはHPからの要予約

岐阜県　｜　イタリア料理

カルタジローネ
Caltagirone

エゾ鹿　猪

シチリアの郷土料理を楽しめるオステリア。シチリアは海の幸だけでなく、実はジビエをはじめとする山の幸も豊富で水上シェフは、野菜や香草をたっぷり使用したシチリア流のジビエ料理を提供している。おすすめは、猪肉をじっくり煮込んだラグーソースに、自家製ジャムを合わせたパスタ。名店のレシピを受け継いだ本場の味わいだ。また、エゾ鹿のローストでは、低温調理と炭火を組み合わせた高度な火入れを採用。シチリアワインを使ったソースや、ビーツやごぼうなどの季節の野菜ソースを合わせ、エゾ鹿らしい深みのある味わいを追求している。ジビエ料理は11月〜2月の限定メニュー。ジビエを楽しみたい場合は、予約時に確認をしておくと安心だ。

住所：岐阜県岐阜市神田町4-4
電話番号：058-266-6007
営業時間：11:30〜14:00　17:30〜22:00（L.O.21:30）
定休日：月（祝日の場合は営業、翌日休。火はランチのみ休）
予算：昼2,800円〜7,000円　夜5,000円〜12,000円
HP：https://caltagirone-gifu.com

岐阜県　日本料理

御料理 柳家

本州鹿　エゾ鹿　猪　熊　鴨

春は山菜、夏は川魚、秋は茸、冬はジビエと、日本の古きよき食文化を伝える郷土料理の名店として知られ、市街地から離れた山奥にありながら、海外からも客が数多く訪れる。築170年を超える古民家を移築しており、囲炉裏を備えた個室で、旬の味覚を味わいながら、ゆったりとくつろげる。名物のジビエは、柔らかくて脂がよくのった個体を厳選。部位ごとに焼き加減を調整した囲炉裏焼きを中心に、全11皿のコースのうちジビエは8皿と充実の内容だ。冬には鴨や熊の鍋がいただけるほか、1月には鴨が最盛期を迎え、マガモ、ヒドリガモ、オナガガモなど、鴨の食べ比べが楽しめる。

住所：岐阜県瑞浪市陶町猿爪573-27
電話番号：0572-65-2102
営業時間：12:00～22:00 日12:00～21:00
定休日：不定休
予算：昼16,500円～　夜16,500円～
HP：なし
※要予約（4名以上の受付）

京都府　フランス料理

ドゥフィーユ

DEUX FILLES

本州鹿　エゾ鹿　猪　熊　アナグマ　鴨　シギ　その他野鳥

地場で採れた30種類の野菜を、それぞれに合った方法で調理した彩り豊かなサラダがスペシャリテ。岩田シェフが畑に出向いて買いつけた新鮮な京野菜をふんだんに使用したモダンフレンチが楽しめる。ジビエにも力を入れており、プリフィックス形式のコースでは、選べるメイン料理のうち、ジビエ料理は必ず2種類用意。鹿肉のローストには、菊芋ソースを合わせるなど、フレンチの重厚なジビエ料理のイメージとは異なり、野菜のうま味を生かした軽やかでみずみずしいジビエ料理が味わえる。ランチはアミューズ、スペシャリテのサラダ、メイン、デザート2品で3,300円からと、驚きのコストパフォーマンスも魅力だ。

住所：京都府京都市下京区綾材木町199-2　ソンコア綾材木町1F
電話番号：075-757-2722
営業時間：12:00～ L.O.14:00　18:00～ L.O.21:00
定休日：月（日はディナーのみ休）
予算：昼3,300円～　夜10,000円～
※予約をおすすめします。

先斗町　炭然(タンゼン)

本州鹿 エゾ鹿 猪 熊 アナグマ 鴨 トド

風情ある先斗町の一角にあるカウンタースタイルのジビエ料理店。季節ごとに多様なジビエを揃え、注文を受けてからじっくり炭火で焼き上げる。肉は柔らかくジューシーで、タプナードソースや赤ワインソースなど、ジビエの種類と季節に応じた自家製ソースを添えて提供される。ほかにも、うさぎやうずらなどの家禽類を使った料理や、猪のアヒージョ、アナグマの脂身のスモーク、ジビエのパスタなど、アラカルトメニューも豊富。5種類のジビエを串焼きで食べ比べられる「炭然コース 獣達の集」は、サラダ、前菜3種盛り、鮮魚のカルパッチョ、パスタ、デザートまでついて、5,500円（税込）とリーズナブルにさまざまなジビエを堪能できる。

住所：京都府京都市先斗町通四条上ル 弥栄ビル先斗町2F
電話番号：075-252-4444
営業時間：18:00～25:00（フードL.O.24:00、ドリンクL.O.24:30）
定休日：不定休
予算：5,000円～6,000円
HP：https://tanzen-pontocho.com
※「炭然コース 獣達の集」「炭然コース 贅」は、前日までの予約限定

京都府　ジビエ専門料理

ジビエの隠家(なばりや)

本州鹿　エゾ鹿　猪　熊　アナグマ　キョン　鴨　カラス

店名のとおり、小路の奥にひっそりと佇むジビエ料理の専門店。タプナードや山わさびの醤油漬けソースを合わせたローストをはじめ、赤ワイン、カルパッチョ、デミグラスソースで食べる鹿カツ、うさぎの唐揚げなど、イタリア料理をベースに約30種類の豊富なメニューを提供している。多種多様なジビエに加え、ウサギ、キジ、ウズラといった一風変わった家禽類も用意。4種のジビエを盛り合わせた「なばりや定食」、ジビエパスタやカレーなど、ランチでも気軽にジビエを楽しめるのも嬉しいポイントだ。

住所：京都府京都市高倉通蛸薬師下ル貝屋町558-1　水口屋ビル1階奥
電話番号：075-708-2346
営業時間：月～金15:00～21:00（フードL.O.20:00、ドリンクL.O.20:30）
土、日、祝 12:00～21:00（フードL.O.20:00、ドリンクL.O.20:30）
定休日：不定休
予算：昼1,600円～2,000円　夜4,000円～
HP：https://www.instagram.com/zibienonabariya
※予約をおすすめします。

京都府 | フランス料理

ビストロ ギン
Bistro銀

エゾ鹿 本州鹿 猪 アナグマ キョン ヌートリア 鴨 カラス シギ その他小動物 その他野鳥 爬虫類

風情ある日本庭園を眺めながら、贅沢な時間を味わえる古民家レストラン。「不要なものを削ぎ落とし、風土に合った自然な料理」をテーマとしている山田シェフは、南仏料理をベースに、白味噌やぬか床といった京都の食文化を絶妙なバランスで融合している。日本画を彷彿とさせる優美な盛りつけも必見だ。コースは昼、夜ともに3種類から選べ、ジビエはおもにメイン料理で提供。柔らかさと風味の調和を考えた的確な火入れで個性を引き出す。ヌートリアのバロティーヌや、ミドリガメのコンソメスープなど、趣向を凝らしたジビエ料理も得意。食材のリクエストにも応じてくれるので、気になるジビエがあれば、予約時に相談を。

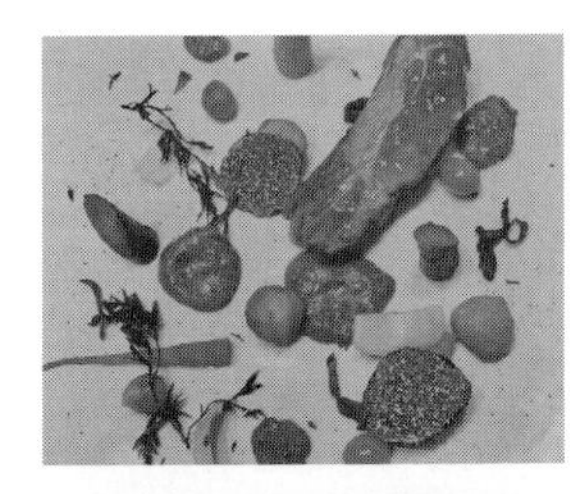

住所：京都府京都市左京区北白川小倉町4
電話番号：075-202-4957
営業時間：11:30〜14:30　17:30〜22:00
定休日：火（水が祝日の場合は営業）
予算：昼5,000円〜15,000円　夜15,000円〜30,000円
HP：https://bistrogin-kyoto.com
※要予約

兵庫県 | フランス料理

レストラン ルセット

エゾ鹿 本州鹿 猪 熊 アナグマ 鴨 シギ その他小動物 その他野鳥

オープン当初から、30年以上に渡りジビエを提供。オーナーの依田シェフは、関西のジビエ料理を牽引してきた一人だ。古典から最新技術まで、さまざまな手法を取り入れながら「繊細なジビエ料理」を探求し、レパートリーは50種類を優に超える。スペシャリテは、熊の手の赤ワイン煮込み。圧力鍋を使ってコラーゲン豊富な熊の手の独特な食感を引き出し、根セロリのピュレと組み合わせた香り豊かな一皿だ。10月から2月に提供する「ジビエ尽くしコース」では、デザート以外の6皿すべてで異なるジビエを使用し、雷鳥、山シギ、野ウサギなど、個性的な種類も豊富。遠方から毎年駆けつけるファン多数の人気コースだ。

住所：兵庫県神戸市中央区山本通2-2-13 ルーチェ北野坂 B1F
電話番号：078-221-0211
営業時間：12:00〜15:00（L.O.14:00）　18:00〜22:00（L.O.20:30）
定休日：月
予算：昼7,000円〜12,000円　夜20,000円〜
HP：https://recette-kobe.jp
※要予約

兵庫県　居酒屋

美味い肉と美味い魚　美味肴処 Nori

熊　鴨

半世紀以上続く実家の精肉店から仕入れた肉と、魚のバイヤーだった店主の目利きで厳選した魚が自慢。肉料理では、A5ランクの黒毛和牛、熊本県のブランド地鶏「天草大王」など、高級素材を惜しみなく使用し、「牛テールの塩焼き」「低温調理したレバー刺し」など、内臓料理も豊富だ。名物は、秋から春にかけて提供される熊鍋のコース（税込7,800円）。出汁のきいた醤油味のスープで、脂がのった熊肉を堪能できる。前菜では、フグ皮のポン酢和えやカキフライなど、酒の肴が6～7種も提供され、酒好きにはたまらないコースとなっている。ほかにも、鴨肉は塩焼きや合鴨ロース煮などで味わえる。

住所：兵庫県神戸市垂水区日向1-5-1 レバンテ垂水2番館123号室
電話番号：078-708-5039
営業時間：11:00～14:00（L.O.13:30）　17:30～22:30（L.O.22:00）
定休日：水曜日（不定休あり。ランチは土、日休）
予算：昼1,200円～2,000円　夜5,000円
HP：https://www.bimi-sakanadokoro-nori.com
※熊鍋コースは要予約

愛媛県　フランス料理

アドリブ

AD-LIB

本州鹿　エゾ鹿　猪　熊　アナグマ　鴨　シギ　その他野鳥

愛媛県におけるジビエ料理の草分け的存在で、20年以上前からジビエ料理を名物として提供している。コースは2種類から選べ、1年を通じてメイン料理でジビエが食べられる。昆布や干し椎茸などの和出汁を取り入れた軽やかでうま味を感じるモダンな料理が特徴。歯切れのよさを追求して火入れしたジビエのローストには、カカオを使ったソースや、こしょうとベリーを加えたスパイシーなグランヴヌールソースが相性抜群だ。狩猟期には野鳥も充実し、1皿ごとに異なるジビエを使用した「オールジビエコース」も年に1度開催。カウンター主体の親しみやすい店内で、20時以降はワインバーとしても営業している。

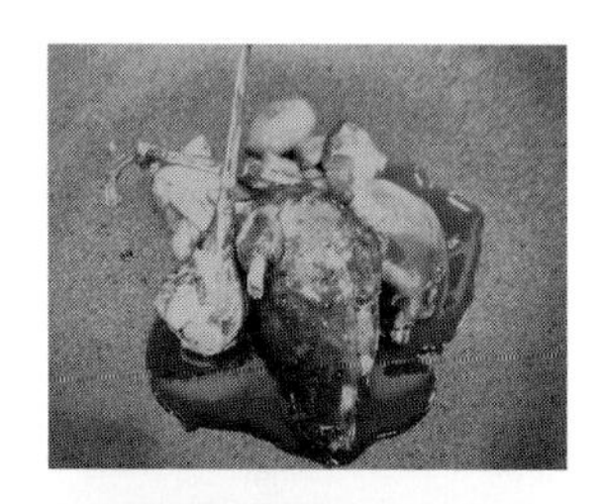

住所：愛媛県松山市二番町1-2-4　松木ビル1F東
電話番号：089-993-8998
営業時間：18:00～24:00（ディナーはL.O.20:00。20:00以降はバータイム）
定休日：月
予算：昼6,600円～　夜12,100円～
HP：https://www.instagram.com/ad_lib0419
※要予約　ランチは12時からの予約のみ受付

福岡県 | ジビエ専門料理

鶲来巣（ウグルス）

本州鹿 猪

創業は1964年。3代続く老舗の地鶏料理店で、明治時代の古民家を移築した店内には民芸品が数多く飾られており、ノスタルジックな雰囲気が漂う。地鶏料理は、焼き物、地鶏飯、とり天などバリエーション豊富。猟師でもある2代目店主がジビエ料理を提供しはじめ、30年以上の狩猟歴で培った確かな目利きで、脂のりがよく、うま味の強いジビエを厳選。BBQ形式の野趣溢れる炭火焼きコースや、冬限定でぼたん鍋が食べられる。また、イタリア料理店で修業を積んだ3代目は、ラグーソースのパスタやピザなど、洋風のジビエ料理を考案しており、新たなメニューが日々誕生している。

住所：福岡県福岡市早良区西入部4-30-1
電話番号：092-804-2703
営業時間：11:30～15:00（L.O.14:30）　17:30～21:00（L.O.20:00）（日・祝は通し営業）
定休日：水
予算：昼1,200円～3,000円　夜　～3,000円
HP：https://www.instagram.com/ugurusu_1964

宮崎県　創作料理

Bistro Lusso

本州鹿　猪　熊　アナグマ　鴨　その他野鳥

ジビエ、淡水魚、山菜など、都城市近郊の山の幸を使い、宮崎県の食と文化を現代的な料理で表現。「里山ガストロノミー」を掲げる、カウンター5席だけの小さなレストランだ。料理は、昼、夜ともに2コース。どちらも11〜12皿の多皿構成で、少しずついろいろな種類が楽しめると評判だ。店で使用する肉はジビエのみで、3種類のジビエが必ず食べられる。かつおぶしならぬ「鹿ぶし」を手作りし、郷土料理の冷や汁をアレンジしたり、アナグマの脂をバターがわりに使ってフィナンシェを作ったりと、独学でジビエの扱いを学んだという髙橋シェフは、独創的なジビエ料理を次々と考案。訪れるたびに、ジビエ料理の新たな世界を見せてくれる。

住所：宮崎県都城市前田町4-12
電話番号：090-2197-2404
営業時間：12:00〜14:30　18:00〜（予約に合わせて営業）
定休日：日
予算：昼8,000円〜10,000円　夜8,000円〜10,000円
HP：https://www.bistro-lusso.com
※要予約

東京都 きく家

日本料理

本州鹿 エゾ鹿 猪 鴨

料理長の佐藤氏がその日に仕入れた食材で仕上げるコース懐石がおすすめ。人形町の裏路地で古民家的な料亭で、座敷、掘りごたつなど落ち着いた和の空間で旬の食材を堪能できる。ジビエに力を入れている和食店だ。

東京都中央区日本橋人形町1-5-10
☎03-3664-9032

http://www.ningyocho-kikuya.jp/

東京都 バラリン

イタリアン

本州鹿 エゾ鹿 猪 鴨

メニューは日替わりで、高橋シェフが厳選するシーズナルな旬を捉えた新鮮な食材を使ったメニューが並ぶ。女子力高めなイタリアンでランチは激戦だ。

東京都港区芝1-4-1
芝コバヤシビル1階
☎03-6809-4178

https://tabelog.com/tokyo/A1314/A131401/13205661/

東京都 PANAME

イタリアン

本州鹿 エゾ鹿 猪 鴨 鳥(鴨以外)

このコースで、このコスパ！特に夜のコースは、常連が多いのも納得。オーナーシェフ高見氏の腕とマダムの神対応が素晴らしい。鹿の火入れも抜群である。

港区麻布十番2-19-10
PIA麻布十番II 2F
☎03-6809-4338

東京都 レストラン　プール　トワ

フレンチ

本州鹿 エゾ鹿 猪 熊 アナグマ 鴨 鳥(鴨以外)

2000円ランチのボリュームがすごいので、お腹を空かせていくべし。国内外の星付きフレンチで修行した中上氏が、下ごしらえからしっかり手間を取っている。普段使いのお店として登録したい。

港区赤坂6-3-16
赤坂瀬戸ビル地下1階
☎03-6459-1914

https://pourtoi0801.wixsite.com/restaurant-pour-to

東京都 AMUNT（アムン）

イタリアン

本州鹿 エゾ鹿 猪 熊 アナグマ 小動物 鴨 鳥(鴨以外)

「スペイン料理と季節のジビエを楽しむコース」がおすすめ。鹿の食べ比べなどもできて愉しい。スペイン各地の郷土料理を楽しめる数少ない店で、オーナーシェフの恵氏は、ジビエに精通している。

品川区二葉1-7-12　1階
☎03-6426-2190

東京都 ル・ボア

イタリアン

猪 熊

まず食べていただきたいのが自家製シャルキュトリーの盛り合わせ。古民家ビストロで、ゆったりとした雰囲気がうれしい。シェフの手さばきが見たい人はカウンターがおすすめ！

中央区勝どき3-5-14-2F
☎03-6204-9953

東京都 ネリザ

イタリアン

エゾ鹿 猪

学芸大学のリ・カーリカで活躍していた田中氏がオープン。すでに人気店として評判が高く予約必須店である。西小山では珍しいジビエが食べられるお店だ。

東京都品川区小山6-7-6
タクシティハイツ西小山 1F
☎03-6770-6348

https://www.instagram.com/nerisa_nishikoyama/

東京都 フレーゴリ

イタリアン

本州鹿 エゾ鹿 猪 熊 小動物 鴨 鳥(鴨以外)

馬肉が推しのイタリアンで、恵比寿の繁盛店である。ランチのコスパが評判。夜は、馬肉、ダチョウ、猪、鮎、鴨、羊、牛な多様な食材が楽しめるお店だ。

東京都渋谷区恵比寿2-8-9
☎03-5423-1225

http://www.ebisu-fregoli.com/

東京都 ビストロとサカバTAKE

イタリアン

本州鹿 猪 鴨

フランスの食堂「ビストロ」と日本の飲み屋「サカバ」がテーマのビストロ居酒屋。ジビエ、和牛、銘柄肉などを炭火焼で提供。お酒も充実でワインをはじめ日本酒、焼酎など色々な品揃えが魅力。〆には名物フレンチカレーがおすすめ。

東京都渋谷区富谷1-14-14
スタンフォードアネックスビル1階
☎03-3467-9333

東京都 カルボ

イタリアン

本州鹿 エゾ鹿 猪 熊 アナグマ 鴨

学芸大学で注目株のお店。女子力が高いお店で、演出・味・サービスどれも申し分なし。オープンキッチンでは、根津シェフがグリルする猪や鹿が見られる。

東京都目黒区鷹番3-7-13
ホワイトウェル2階
☎03-6303-2236

東京都 デトレゾン

イタリアン

本州鹿 猪 鴨

お店は自由が丘駅から奥まった住宅地にある。ゆったり落ち着けることから周辺のマダムがよく利用している。コースのコスパがとてもよく、ジビエでは鹿と鴨が絶品。リゾットは特におすすめしたい!

東京都目黒区自由が丘2-2-11-1F
☎03-6421-2386

東京都 ビストロ タツミ

フレンチ

本州鹿 エゾ鹿 猪 熊 鴨 鳥(鴨以外)

アバ(内臓)推しビストロ。シェフの個性がメニューの名前にも感じられる「内臓爆弾」一度是非お試しいただきたい。内臓と珍しいジビエ料理が味わえる二刀流のお店として、覚えておきたい。

東京都目黒区上目黒2-42-12
スカイヒルズ中目黒1階
☎03-5734-1675

http://hr-tatsumi.com/

東京都 コンフル

イタリアン

本州鹿 猪 アナグマ 鴨 鳥(鴨以外)

アラカルトメニューが豊富に揃うカジュアルなビストロ。阿部シェフの作る創作的なジビエ料理は見事。コスパがいいので常連多し、要予約。

東京都世田谷区上馬4-3-15 1F
☎03-3419-7233

東京都 ペペロッソ

イタリアン

本州鹿 エゾ鹿 猪 熊 アナグマ 小動物 鴨 鳥(鴨以外) 爬虫類 両生類 昆虫

イタリア郷土料理と手作りパスタが看板の店。今井シェフが、ジビエにも力を入れており、哺乳類、鳥類、爬虫類まで幅広く扱っている。

東京都世田谷区代沢2-46-7
エクセル桃井 1F
☎03-6407-8998

https://www.peperosso.co.jp/

東京都 トワ・プティ・ルー

フレンチ

本州鹿 エゾ鹿 猪 鴨

フランス・ブルゴーニュ出身のミシェル氏とマダムあいさんのユーモアとホスピタリティがあふれるお店。パリのビストロを体感しながら、味わう猪フィレ料理は絶品。

東京都世田谷区上野毛1-27-2
KPビルB1
☎03-6676-5450

東京都 リストランテ・イ・ルンガ

イタリアン

本州鹿 猪 鳥(鴨以外)

イタリア修行で、ジビエを知り尽くしたシェフが、動物の種別や個体差に関する知見を活かし調理。希少なカラスやヒグマも提供。

東京都世田谷区玉川3-13-7
柳小路南角1階
☎03-6411-7045

http://i-lunga.jp/

東京都 銀彗富運（シルバースプーン）

イタリアン

本州鹿 エゾ鹿 猪 鴨 鳥(鴨以外)

常連客のリピートが付いている地域の名店である。旬の食材を手ごろな値段で提供するビストロ。ジビエも大八木シェフに掛かると身近に感じられるから不思議だ。

東京都新宿区新宿3-2-7
PLAZAEST B1
☎03-6457-4249

東京都 アルベラータ

イタリアン

エゾ鹿 猪 鴨

フレンチ激戦区の神楽坂でも予約必須のリストランテ。女子力が強く、雰囲気良し、コスパ良し、サービス良しの三拍子そろった人気店だ。

東京都新宿区神楽坂3-6
ツルタビル1F
☎03-5225-3017

https://www.alberata.com/

東京都 神楽坂 chouchou

フレンチ

エゾ鹿 猪 鴨

神楽坂で２３年続く隠れ家的レストラン。洗練された雰囲気の中で、エゾ鹿、猪、鴨などジビエ料理の真髄も味わう事ができる。

東京都新宿区若宮町11-5
☎03-6228-1135

https://web.z-no1.jp/shoplist/akari.html

東京都 サンパ

イタリアン

本州鹿 エゾ鹿 猪 熊 アナグマ 鴨 鳥(鴨以外)

立地的にジビエ店が少ないエリアだが、シェフがかなりジビエに力を入れている。肉をガッツリと食べたいときに使いたい店だ。

東京都杉並区荻窪5-16-23
リリーベール荻窪B1
☎03-3220-2888

東京都 Eccomi!! エッコミ

イタリアン

本州鹿

ジビエ店がない空白地域の杉並区で、うれしいお店。イタリアンとフレンチの技法を学んだ小林シェフが、ジビエの調理・焼き加減にこだわり、丁寧に提供してくれる。コスパもよい。

東京都杉並区浜田山3-27-2
YOU　Iコート　地下1階
☎03-5913-8158

http://eccomi.hungry.jp/

東京都 池袋　寅箱

日本料理

本州鹿 エゾ鹿 猪 熊 アナグマ 小動物

池袋から少し歩くが、歩く価値ありの居酒屋さん。鰻とジビエが売りのお店で、お手頃価格でジビエが楽しめる。店の看板商品のジビエメンチは必ず注文したい。新宿店もある。

東京都豊島区池袋2-69-3
メゾン玉城1階
☎03-6907-0017

https://tabelog.com/tokyo/A1305/A130501/13237870/

東京都 プレゴ・パケット

イタリアン

本州鹿 猪 鴨

池袋の裏路地激戦区で、20年間続いている繁盛店。ジビエは看板メニューではないが、是非行きたい店として推したい。チーズリゾットは誰もが食べる人気商品。

東京都豊島区西池袋3-23-1
小倉ビル1階
☎03-3988-8821

東京都 キュリティベ

イタリアン

エゾ鹿 猪 熊 アナグマ 小動物 鴨 鳥(鴨以外)

三鷹駅南口から徒歩５分、玉川上水沿いにある一軒家フレンチ。食べログでの評価は低空飛行だが、実力があるので、今後が楽しみな店である。地域からオーガニックや産地にこだわった食材を取り揃えている。

東京都三鷹市下連雀3-1-27
☎0422-69-0038

東京都 ラパンドール
フレンチ

本州鹿

下町のビストロとして愛されている地域密着のフレンチ。ボリュームに対してのコスパがよく普段使いとして登録したいお店だ。

東京都品川区南品川2-14-14
03-3450-1876

東京都 ジジーノ
バル、居酒屋、ステーキ

本州鹿

ワイン好きにはたまらないお店。地下にワイン倉庫があり選ぶことができる。炭火焼で提供されるジビエの火入れが素晴らしいうえに、銀座でこの料金はうれしい。

東京都中央区銀座3-11-6
鈴木ビル2階
☎03-6264-1129

東京都 タベルナパタタ
スペイン料理、居酒屋、ダイニングバー

本州鹿　エゾ鹿　猪　熊

色々な種類のパエージャとスペイン産ワインを楽しみに訪れる客が多い下町系バル。店主のスペイン旅の話とスペイン雑貨が、雰囲気を盛り上げている。無農薬野菜、スペイン豆の煮込み、いか墨のパエジャがおすすめ。

東京都江東区亀戸2-31-2-101
☎03-3684-4607

東京都 Bistera Satollo
ビストロ、イタリアン、フレンチ

本州鹿　エゾ鹿　猪　鴨

精肉店「京中」で修行をした佐藤氏が、ワンオペで展開するビストロ。部位に対しての調理法の引き出しがすごい。ジビエは、冬は、北海道北見の熟成蝦夷鹿を骨付きで仕入れ、それ以外は本州鹿を使っている。シェフの説明がユニーク。

東京都目黒区自由が丘2-14-19
夢パラダイス2-2階
☎03-5726-9045

東京都 tsujike
創作料理

猪　熊　小動物　鳥(鴨以外)

都立大学の住宅地にある古民家レストラン。フレンチと和食の創作料理で、体にいい食材を追求し、ジビエもオーガニックととらえ提供している。朝7：00からの朝食は、是非行っていただきたい。

東京都目黒区中根1-9-3
☎070-6475-0012

東京都 レ・ピコロ
ビストロ、ワインバー、フレンチ

猪　熊

「ランチのコスパ最高！」の書き込みが多い裏路地系ビストロ。フレンドリーだがしっかりしたオペレーションで、居心地がとてもよい。黒トリュフのリゾットが看板料理だが、他の料理も満足度が高く、予約が取りずらくなってきているお店だ。

東京都新宿区神楽坂4-3-11
神楽坂つなしょうテラス1F
☎03-6265-0693

東京都 THE SHED

カフェ、ビストロ

猪 熊 小動物 鳥(鴨以外)

繁盛店ビストロハマイフで、修行した川崎氏がオープンしたカフェビストロ。駅からは遠い住宅地の真ん中にもかかわらず、すでに人気店の兆しがある。ワンコ同伴のテラスあり。

東京都世田谷区上野毛4-22-2 1F
☎03-6826-0285

東京都 ラトラス

フレンチ

本州鹿 猪

神楽坂でも名店の域に入ってきている本格フレンチ。老舗「トゥールダルジャン」で研鑽した田辺氏と吉田氏が最高のおもてなしをしてくれる。ジビエは、毎年夏は蝦夷鹿、冬は岩手県産真鴨を定番で提供している。

東京都新宿区神楽坂6-8-95
ボルゴ大42
☎03-5228-5933

東京都 バールボガ

イタリアン バル

本州鹿 猪

ジビエの取り扱があまりない吉祥寺で、しっかりジビエが食べれるイタリアンバル。手打ちパスタと野菜のグリルが看板メニュー。小倉シェフが調理したジビエ料理を、ソムリエが選び抜いたワインと一緒に是非楽しんでいただきたい。

東京都武蔵野市吉祥寺本町
1-13-6　古谷ビル1階
☎0422-21-8570

東京都 タツミ農園

居酒屋、バー

本州鹿

駅から少しい遠い立地だが、常連客に愛されている居酒屋だ。店名の通り野菜は産地直送だから、ヘルシーメニューが多いのがうれしい。ジビエ＝オーガニック食材とオーナーがメニューに入れている。普段使いにあったらいいお店だ。

東京都目黒区中町1-8-12
目黒サンハイム102
☎03-6412-8024

東京都 春秋ツギハギ

日本料理、海鮮、創作料理

本州鹿 猪 熊 鴨

会食・接待の幹事は登録必須のお店だ。おしゃれ＋サービス＋料理と３拍子揃った高級居酒屋である。ジビエ料理は多くはないが、こんな店でジビエが食べられるという思いから推薦した。

東京都千代田区有楽町1-1-1
日本生命日比谷ビル B1F
☎03-3595-0513

東京都 ルミエルネ

フレンチビストロ

本州鹿 猪

下北沢から少し離れた隠れ家フレンチビストロ。ジビエは鹿・猪中心のローストだが、火入れが素晴らしい。落ち着けるカウンター席もあるので、一人でも行きたい店だ。

東京都世田谷区北沢3-18-5
伊東ビル1F
☎03-3465-0573

東京都 裏馬場（うらばんば）

イタリアン

本州鹿 猪 熊 アナグマ 鳥(鴨以外)

裏路地系居酒屋さんで、鶏料理＋ジビエ串が名物。コスパ抜群で、リピーターが多いのもうなづける。特に卵焼きは推しの一品。

東京都品川区北品川2-4-17
☎03-6433-2655

東京都 サンフォコン

フレンチ

本州鹿 エゾ鹿 猪 熊 アナグマ 鴨 鳥(鴨以外) 爬虫類

代々木上原では、ダントツのジビエ人気円。これほどジビエ料理が上品に仕上げるお店も珍しい。千葉シェフのこだわるパイ包み料理（特に熊）は是非トライしていただきたい。

東京都渋谷区西原3-5-3
小林ビル1階
☎070-4383-3567

https://saint-faucon.jimdofree.com/

東京都 大衆酒場・レインカラー

イタリアン

本州鹿 エゾ鹿 猪 熊 鴨 鳥(鴨以外)

姉妹店のすべての料理を手島オーナーが開発。味・インスタ映え・価格の三拍子そろった料理が並ぶ。小ぶりな料理は女子力が強く、若い女性客に支持されている繁盛店。

東京都目黒区鷹番3-7-13ホワイトウェル鷹番1階
☎03-5708-5430

愛知県 Pes.

イタリアン

本州鹿 エゾ鹿 猪 熊 アナグマ 小動物 鴨 鳥(鴨以外)

ライブキッチンが魅力の南米レストラン。今までに出会ったことのない料理に出会える。ピザ窯の薪の音がとても心地よい。ジェノベーゼソースが絶品。なぜかカラス料理も提供される不思議な店だ。

愛知県名古屋市西区名駅2-14-13 westMbill1F
☎052-433-1996

愛知県 稀

日本料理

エゾ鹿 猪 熊

会員制の和食料理。古民家用ような昭和の長屋のような不思議な空間だ。懐かしい雰囲気の中、かなりこだわった創作料理が目白押しである。ジビエは特に熊が強い店だ。

愛知県名古屋市中区平和1-9-11
☎052-339-0339

愛知県 CONCA（コンカ）

イタリアン

鹿 猪 熊 アナグマ 鴨 その他野鳥

古民家を改装した店内。ディナー１日３組、ランチ１組限定で、贅沢な時間を満喫できる。地産地消にも力を入れており、猪は枝肉買いをしている。おまかせコースのメインは牛肉からジビエを選択できる。

愛知県名古屋市西区名駅2-20-28
☎052-890-0017

https://www.conca0615.com

大阪府 オリジン

フレンチ

本格フレンチのなかでジビエのウェイトが高い名店だ。特に鴨料理は、吉田シェフのこだわりがビシビシと伝わってくる逸品だ。

大阪府大阪市中央区釣鐘町1-4-3舟瀬ビル1F
☎06-6809-2881

大阪府 フレンチバル プラット

フレンチ

裏路地系のバルで、多種多様なジビエが食べられるお店だ。ランチのコスパは◎。シェフの探求心だろうか、キョンやトドなどレアジビエがメニューに並んでいる。

大阪府枚方市大垣内町1-3-43
☎072-894-8389

福井県 どがいし

居酒屋

本州鹿 エゾ鹿 猪 熊 アナグマ 小動物 鴨 鳥(鴨以外) 爬虫類 両生類 昆虫

居酒屋系ジビエ店で、店名の通り採算度外視のコストパフォーマンス。人気ジビエ三種盛りのほかにも、アラカルトで穴熊、雉、猪、ダチョウの炭火焼がある。もちろんジビエ初心者にもやさしく対応してくれる。

福井県福井市経田1丁目707
☎0776-20-2123

滋賀県 比良山荘

日本料理

本州鹿 猪 熊 小動物 鴨 鳥(鴨以外) 爬虫類 両生類

言わずと知れた滋賀のジビエの名店。特に熊料理へのこだわりと選別は他の追随を許さない。特に熊の手のスッポンスープは、伊藤氏自らが編み出したスペシャリテで、他の店では出会うことがない絶品料理だ。

滋賀県大津市葛川坊村町94
☎077-599-2058

兵庫県 Aeb

イタリアン

本州鹿 エゾ鹿 猪 熊 アナグマ 小動物 鴨 鳥(鴨以外) 爬虫類 両生類

外観はカジュアルなイタリアンだが、実はかなりの隠れジビエ店である。中田シェフが扱うジビエの幅が広くて「アナグマカレー」は、他では見たことのないメニューだ。

兵庫県神戸市垂水区天ノ下町1-1-160ウエステ垂水1階
☎078-707-3270

https://tabelog.com/hyogo/A2801/A280110/28045413/

鹿児島県 dieci10（ディエチ）

イタリアン

本州鹿 エゾ鹿 猪 熊 アナグマ 小動物 鴨 鳥(鴨以外)

鹿児島では有名なイタリアン。味は東京に出店しても負けないレベル。ピザは是非オーダーしてほしい。シェフがジビエ好きで、力を入れている。

鹿児島県鹿児島市中央町32-5 1階
☎099-206-5110

シェフからのジビエ質問箱

新たな食材として注目されているジビエ。しかし、「カラスの肉は黒い」「熊の手は左手が甘い」など噂ばかりが先行し、本当のところはよくわらない。そのため、シェフからたくさんの問い合わせがあります。マニアックな質問をご紹介します。

※解答者GMは、GIBIER MARCHE（ジビエマルシェ）の団体名の略です

シェフ

鹿の肉色がかなり違うのですが、どうしてですか？

GM 畜産動物と比べ、個体差、止め刺し、解体などが異なるため、肉色の変化があります。通常は赤色です。ピンク色は、若い個体か、急速冷凍をかけたお肉。茶色は、ストレスがかかった個体か腐敗した場合。黒色は、老いた個体、血抜きが悪い個体、空気に触れる時間が長く酸化がすすんだ肉です。熟成をかけた肉も同様に黒くなります。

シェフ

鹿の脂をお客様に提供したほうがいいですか？

GM ６月～９月には、本州鹿に脂がのり、いわゆる「夏鹿」として、需要が急増します。鹿の脂は融点が高く、舌触りが悪いので、一般的には使用しない場合が多いです。エゾ鹿も同様でしたが、最近、牧草や畑で餌食している個体は、脂の融点が低くなることがわかりました。そのため、脂をつけて提供する場合も増えています。

シェフ

鹿の内臓を提供したいのですが、安全ですか？

GM 鹿の生息密度が高くなると、糞尿などで寄生虫等の感染が広がり、山が汚染されます。その場合、かなりの確率でレバー等に寄生虫が見られます。当社では、基本的には推奨していません。もし、利用する場合は、確実に加熱調理をしましょう。

シェフ

山岳地帯と牧草地帯のエゾ鹿の味は違いますか？

GM　北海道のエゾ鹿は、生息地域により、かなり肉質が違うことが分かってきました。例えば、根室では、沿岸の平地で牧草などを食べているエゾ鹿は、筋肉をあまり使わないので、肉が柔らかくなります。また、夏場に海霧が発生し、草に大量のミネラルが含まれるため、１割ほど肥大し、肉が多く取れます。さらに、牧草を主食としているので、臭みもなく、脂が美味しいのが特徴です。いわば、放牧された牛といってもいいでしょう。一方、山岳地帯のエゾ鹿は、筋膜が強く、肉が固くなります。また、厳冬期にはかなり痩せてきます。

シェフ

イタリアレストランです。猪半頭を枝肉で取りたいのですが、おすすめの個体は？

GM　生体重量30キロ、年齢２～３歳、性別メス、さらに未経産、枝肉重量（半頭）で10キロ、脂10ミリの個体がベストです。理由は、うま味があるわりに、柔らかく、適度な脂が付いているからです。特に未経産だと、栄養分が蓄えられ、良質な肉になります。丁度解体しやすいサイズです。

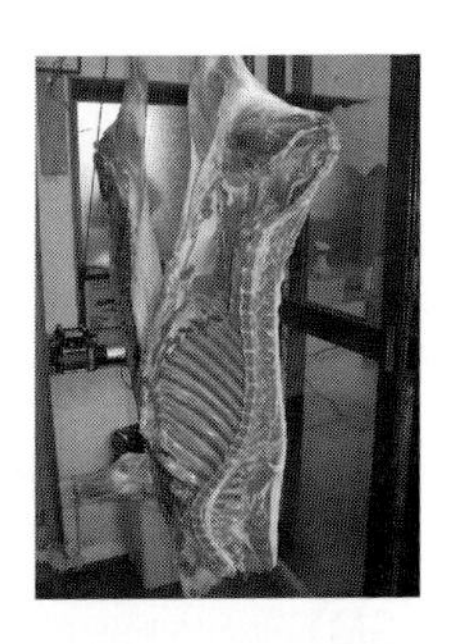

シェフ

皮つき猪の料理法を教えてください

GM　皮部分を柔らかくするために、煮込みが適しています。圧力鍋や塩漬けで、肉を柔らかくしてから煮込みします。煮込む前後に皮部分に焼を入れます。外はカリッと、中はジューシー、脂はトロトロで、皮・脂・肉の三重奏を楽しむことができます。リオンの郷土料理「プティサレ・オゥ・レンティーユ」の猪バージョンです。写真は、東京・世田谷区のイブローニュ・有馬シェフの得意料理。

シェフ

お客様から熊の捕獲方法を聞かれました。教えてください。

GM シーズンと地域によって猟が異なります。

秋熊猟

熊が冬ごもりする前に行う猟です。雪が降り始めた頃に、足跡を追跡して、銃で仕留めます。通常単独猟か複数猟で行われ、肉質・脂ともには、最上級。

冬熊猟

別名「穴熊猟」*とも呼びます。巣穴で冬眠している熊を爆竹・煙幕など起こして、巣の外側に出てきたところを銃で仕留めます。積雪量が少ない（それでも150ｃｍ）　岐阜や滋賀などで行われます。基本的に単独か複数猟。肉質は最高。

春熊猟*

主に東北で行われる伝統猟です。猟期ではないので、伝統行事として継承されています。（一部有害駆除）。大人数で行う巻き狩り猟*が主流。獲物を声で追い立てる勢子（セコ）と獲物が逃げてくると予想される地点で待つ射手の待子（マチコ）に分かれます。肉質は、個体や昨年の餌食量により異なります。昔は熊胆*を取るのが目的でした。

夏熊猟

おもに、里山に現れた有害駆除が対象です。害獣駆除の場合は、箱罠*が中心で、ハチミツなどで誘引します。発情期のオスや乳離れした若い個体がよく捕獲され、肉質はほぼ赤身です。

シェフ

熊の脂の色で、味が違うというのは本当ですか？

GM 熊の脂の色と食味には深い関係があります。

乳白色 どんぐり（シイ・コナラ・カシ）を食べ、脂が肉のように形成され、いわゆる白肉と呼ばれる。見た目もよく極上品。

透明な白 油分が高いくるみやブナのみを食べている場合。味はやや淡白で、乳白色より劣る。

ピンク 檻で暴れている時間が長く、肉がうっ血した場合。時に臭みあり。

黄色 デントコーンなど穀類を食べた場合。食味は大変美味。

灰色 ブナの実を餌食した秋熊で、その後冷凍時にひび割れすることが多い。まだ脂が出来上がってないことが原因。特にひびが入ると、見た目が悪いので、一流店では使用されないことも。

シェフ

ブナの豊作・凶作により熊の捕獲数が増減すると聞きましたが、本当ですか？

GM 東北森林管理局は毎年、青森、岩手、宮城、秋田、山形の５県・145か所（定点）でブナの開花状況と秋の結実状況を調査しています。豊作・並作・凶作・大凶作の4段階で報告されます。凶作の年は、熊が山里や林道までてくるため、駆除が行われます。しかし、あまり多く駆除をすると、秋口以降に、脂のある良質な個体の入荷が減少するジレンマもあります。豊作の年は、熊が里山に下りてこないため、猟師は奥山に入る必要があります。仕留めても、食肉処理施設*までの搬送にかなりの労力を要します。結果的には、ブナの豊作・凶作にかかわらず、脂がある良質な

個体は、あまり入荷しないということです。令和５年は大凶作で、若い個体が例年の3倍近く駆除・入荷されましたが、脂がある良質な個体の数量は例年通りでした。

シェフ

熊肉をカルパッチョで提供してもいいですか？

GM 熊には、かなりの確率で「旋毛虫（センモウチュウ）」が寄生しています。旋毛虫は、猪や鹿にも寄生しますが、熊は特に多く寄生しています。人間の体内に入り、食中毒を引き起こします。過去に、茨城県のイタリアレストランでヒグマの肉を生食した20～50代の男女15人が食中毒になり病院に搬送されました。猟師が解体した肉を、常連客が持ち込み、レストランが調理していました。こちらの店は営業停止処分となりました。旋毛虫は、低温にも強いため必ず加熱が必要です。絶対に生食で提供してはいけません。また、猟師が食肉処理業*の許可なく、解体した肉を、飲食店で調理した場合、違法となりますのでご注意ください。

シェフ

購入した熊肉の歩留まりが悪いです。こんなものですか？

GM 先日、初めて熊肉をご利用いただいた洋食店から「熊のもも肉を購入したが、スジと膜が多すぎて、歩留まりが悪すぎる。味は良かったけど、ローストでは使えない」とご指摘をいただきました。そこで熊料理に詳しい3人のシェフに、調理法のご意見をいただきました。

比良山荘・伊藤店主：熊は、牛や豚とは違いますし、個体サイズもバラバラです。当店ではすべて鍋にしています。熊のパフォーマンスとしては、煮込みがいいですね。スジがあり、肉が硬いのも熊の良さでもありますから、あまり気にしていません。焼の場合、店側のリスクは、必ずあると思います。

ユニック・中井シェフ：もともと他のジビエと比べて、筋膜はかなり強いですね。ロース以外は、ステーキやローストには不向きです。ロースでもたまに筋がありますから、興味だけで安易に利用できない食材だと思います。薄くスライスして、すき焼きか焼肉がおすすめですね。

ラチュレ・室田拓人シェフ：料理を工夫しないと使いきれない動物です。使えなかったときに、ミンチ、パテ、コンソメなどに他用しています。また、自分で2週間熟成かけたりもします。ローストなら３歳以下の仔熊を指定したほうがいいでしょう。熊の食肉処理施設*では、スジ引きなどは無理ですから。

シェフ

マタギが捕獲する熊は、特別に美味しいですか？

GM 残念ですが、マタギ＝解体のプロではありません。マタギといえば、秋田県の阿仁マタギが有名ですが、熊胆*を取るために熊を捕獲していました。また、マタギには、熊＝山の神と敬い、猟師仲間で分け合う文化（マタギ勘定）が根強く残っていて、肉を販売するという慣習がありません。そのため、肉を美味しくする技術・知識が高いとは言えないのです。逆に、長野県、岐阜県、滋賀県などの猟師のほうが肉のこだわりが強く、美味しい熊肉を出荷しています。

シェフ

野ウサギは、なぜ入荷が少ないのですか？

GM 捕獲数が少ないのは、以下の理由が考えられます。

① 海外から安いウサギが入った時期に、猟師がお金にならないので、猟が廃れたから。

② 猟師の高齢化で、巻き狩り*をするための人数が集まらないから。
③ 乱獲しすぎて、生息数が激減したから。
④ アライグマ、キツネなどに子ウサギを捕食されるから。

など諸説ありますが、最近では「野兎病（やとびょう）」の感染が一番有力と考えられています。「野兎病」は、人間への感染もある為、取り扱い時には十分にご注意ください。

シェフ サルを食べたいというお客様がいますが、入荷しますか？

GM まずサルは、狩猟鳥獣ではありません。にもかかわらず、害獣駆除の対象です。そのためサルを捕獲するためには、市町村からの許可書が必要です。さらに、駆除後の「処理」が、各市町村により異なります。一般的には、「埋設」「焼却処分」「自家需要」から選択しますが、「ジビエとして販売」と許可を得ることで、解体・精肉できるのです。しかし、許可が出ても、解体者が、解体を嫌がる場合が多く、ほとんど入荷されないのが現状です。入荷しない理由を以下にまとめました。

- 狩猟鳥獣ではないので、害獣駆除の許可がないと捕獲ができない。
- ２万頭ほどしか駆除されていない。
- 知能が高いため、駆除が困難。
- 駆除費用が３万円以上と高額なので、ハンターが肉で稼ぐ必要がない。
- 駆除後の処理に「ジビエとして販売」と申請していない。
- 解体してくれる、受け入れしてくれる処理施設がない。

シェフ

サルはどんな味がしますか?

GM 新潟の猟師さんは、「大変美味しい!特に寒い時期のサルは、鳥のような味だ!」と大絶賛。また、長野の猟師さんは、「癖のない牛とおなじで、黄色い脂がのって、カルビのようだ」といいます。ちなみに、冬に獲れるサルを「寒猿(かんざる)」と呼び、「美味しいジビエといえば、秋熊と寒猿」とも言われています。

シェフ

タヌキが美味しいと聞きましたが、本当ですか?

GM 元来、イヌ科の動物のため、雑食性ですが、肉を主体に餌食しています。そのため、肉と脂に独特の香りがあります。冬になると脂もしっかりのります。食味は「脂が臭くて食べられない」「獣臭がする」「大変美味しかった」と評価もまちまちです。確実なのは、里山に出現するタヌキは疥癬症(かいせんしょう)に感染して衰弱している個体が多いため食用は避けます。できれば、奥山に生息し、毛艶がよく、毛の色の白黒はっきりしているタヌキがおすすめです。なぜ臭い個体がいるのかは、現在調査中です。

シェフ

陸鴨と海鴨の違いを教えてください。

GM　**陸鴨**　マガモ、カルガモ、コガモ、オナガガモ、ヨシガモ、ハシビロガモ、ヒドリガモ

海鴨　ホシハジロ、キンクロハジロ、スズガモ、クロガモ

と分類できます。見た目は、尾羽の位置が水面から離れていれば陸鴨、海面ギリギリなら海鴨。飛び立つときに、ほぼ垂直に飛び立つのが陸鴨、助走をつけて水面を滑走するのが海鴨です。しかし、「陸鴨」であるマガモも海で休んでいる場合がありまし、逆に、「海鴨」であるホシハジロも淡水で、餌食していることもあります。味は、一般的に海鴨は、不味いといわれますが、海藻を食べている個体は美味しいといわれることもあります。

最終的には、餌食と場所・捕獲方法で判断します。

シェフ

本当に鴨の美味しい時期は？

A　新潟の鴨歴６０年の名人の話では、鴨は冬至の１０日前に一番脂がのり美味しくなります。１１月から１２月中旬までは、留鳥*であるカルガモの脂がのりやすく、おすすめです。１２月中旬からはマガモのオスが太り始めます。１月から始まる繁殖期に向けて、食溜めするからです。１月中旬になるとオスは繁殖行動でエサを食べなくなりかなり痩せます。そのため１月中旬からから２月初旬はメスがおすすめです。

シェフ

鴨の止め刺し方法を教えてください。また、エトフェ（窒息）させた鴨などが、血抜きしない理由はなぜでしょうか？

GM　無双網*で捕獲した場合、首折、首切り、撲殺、エトフェ（窒息）な

どがあります。エトフェ（窒息）の場合は、結束バンドを首に巻いて締めます。血抜きはしません。この場合、アンモニア臭よりも、血液中の旨味成分を閉じ込めておくことを優先するからです。個体が小さいからできる止め刺し*方法です。

シェフ
ヒヨドリとムクドリの違いを教えてください。

GM ヒヨドリの特徴は、逆さ立った頭部の毛です。飛び方にも特徴があって、羽を数回羽ばたかせ、その後は羽をたたんで滑空するので、波型に飛びます。鳴き声は、甲高く「ヒーヨヒーヨ」と鳴きます。虫や草の葉などを食べる雑食性ですが、特に花の蜜や果物を好んで食べます。特に糖分を好むので、栽培してあるみかんやイチゴなどを食い荒らしてしまうので、農家の大敵です。覚え方は「ヒーヨ、ヒーヨのヒヨドリ」です。ムクドリは、全長およそ24cm程度の大きさで、ヒヨドリよりも一回り小さな鳥です。体全体が茶褐色をしており、黄色いクチバシと脚が特徴です。常に羽ばたいて飛ぶので、直線的な飛び方をします。鳴き声は、「ギャーギャー」、「ギュルギュル」などと鳴き、集団で鳴かれるとものすごくうるさく感じます。ムクドリもまた雑食性で、虫や植物の種子、果物などを餌食します。農作物に被害を与える害虫を食べる益鳥とされていましたが、最近では増殖に伴い、都市部での騒音や糞害が深刻化しています。覚え方は「ギャー、ギャーとむかつくムクドリ」です。

シェフ

ヤマドリが美味しいと聞きました。入荷できます？

GM メスのヤマドリは、狩猟が禁止されている禁鳥です。さらにオスは、狩猟できますが、販売禁止になっているので、レストランでは出せません。（狩猟者が食べるか、狩猟者がただであげるならＯＫ）。鳥部門では、究極ジビエと言われ、味は淡白で上品、肉量は多く、しっかりした肉質です。ローストもいいですが、水炊きにすると骨から取れるスープが絶品といわれる鳥です。

シェフ

爬虫類や両生類、昆虫などに興味があります。どんなものが入荷しますか？

GM ハブ、マムシ、ウシガエル、スッポン、ミドリガメ、ウチダザリガニ、アメリカザリガニ、テナガエビ、モズクガニ、スズメバチなど入荷します。なかでもハブとウシガエルは人気が高く予約が必要です。特に、ウシガエルは極上の地鶏と似た食味で、喜ばれるお客様が大勢います。

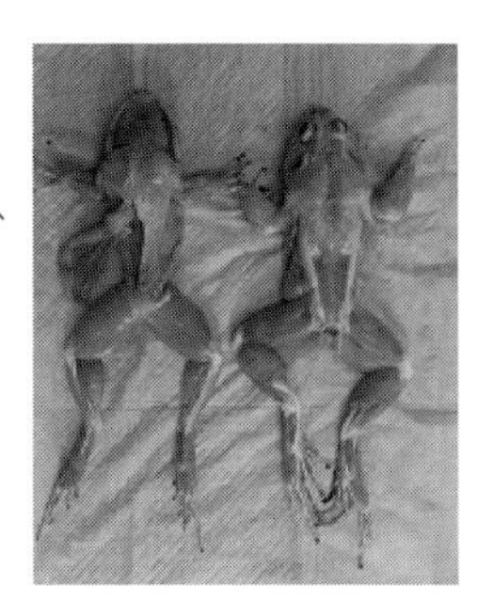

シェフ

違法ジビエについて教えてください。

GM 野生鳥獣を解体、精肉、販売するには食肉処理業の営業許可、食肉販売業には食品衛生責任者と許可が必要です。これらの許可を得るためには食品衛生法に基づき定められた施設を建設しなくてはなりません。ハンターに許されるのは、山の中での放血（血抜き処理）とやむを得ない場合の内臓摘出のみです。食肉処理施設以外で内臓摘出や皮剥、解体をした鳥獣体は、「食肉」としてみなされません。また、飲食店でジビエを提供するときには、食肉処理業の許可を受けた施設から仕入れなければなりません。「猟師直送」などと謳ったネット販売を利用することや、知り合いの猟師から直接肉を仕入れること、自分で捕獲した鹿や猪を解体し、提供することはやめましょう。こうした事例はすべて食品衛生法違反にあたり、違反した場合は、「2年以下の懲役又は200万円以下の罰金」が科せられます。

シェフ

次に人気がでるジビエはなんですか？

GM 問い合わせ件数、話題性、搬入数、味、価格から、判断すると

①ハクビシン
②トド
③アライグマ
④キョン

「ハクビシン」は、東京の真ん中でも出没していますが、イチゴの栽培ハウスを荒らしている個体に人気がでそうです。「トド」は、肉と脂の不思議感と動物としてのサイズ感・ワイルド感が話題性になりそうです。「アライグマ」は、芸能人の「意外に美味しい」という発言から、火が付き始めています。キョンは、ＳＮＳなどで広がりを見せています。

シェフ

豚熱の猪への影響を教えてください。

豚熱は、豚や猪が感染する病気で、強い伝染力と高い致死率が特徴です。そのため、山中に経口ワクチン（餌）を撒き、猪に餌

食させることで感染防止します。また、猪に豚熱の感染が見つかると、半径10キロは捕獲禁止となります。それでも、感染が拡大すると、数年間山から猪が消えることになり、豚熱拡大は、養豚業界、ジビエ業界にとっても死活問題となります。ちなみに、人間が豚熱に感染した豚や猪の肉を食べても感染しません。

シェフ

ジビエの脂の融点を教えてください。

GM 脂の融点は、脂の旨味、舌触りを決めるうえで大変重要な要素です。ジビエの脂の融点を畜産動物と比較しました。

熊：約28℃
アナグマ：約28℃
猪：約28〜30℃
鶏：約30〜32℃
豚：約33〜37℃
馬：約30〜43℃
牛：約32〜50℃
羊：約44〜55℃
鹿：約55℃

一般的に人間の体温より融点が高い場合、舌触りや消化が悪くなりますので、鹿の脂は、落としたほうがいいでしょう。しかし、餌食により脂の融点が変化しますので、牧草や穀物を食べている鹿であれば、融点はかなり低いはずです。また、熊、アナグマなどの脂（白肉とも呼ばれます）は、恐ろしく融点が低く、室内温度でも溶けだします。

ジビエ検定

あなたはジビエマイスターになれるか？

100名のシェフがトライして、平均正解率は50％の難問を用意しました。是非トライしてください！

6問以上正解	8問以上正解	10問以上正解
ジビエ中級者	ジビエ上級者	ジビエマイスター

Q1 血液を体にいきわたらせるために、主に鳥類を窒息死させる方法とは？

①エトフェ　②フザンダージュ　③エキュメ

Q2 フランス語で「サルセル」とは、なんの鳥か？

①マガモ　②コガモ　③シギ

Q3 秋口に獲れる生後６か月頃の猪は、別名なんと呼ばれているか？

①うり坊　②どんこ　③こっけ

Q4 本州の猟期は原則11/15～2/15ですが、北海道の猟期はいつか？

①10月１日～1月31日
②10月15日～1月15日
③11月１日～2月15日

Q5 次の中で狩猟の対象外の鳥獣はどれか？

①サル
②蝦夷ライチョウ
③テン
④ツキノワグマ

Q6 次のうち特定外来種でない鳥獣はどれか？

①ヌートリア
②ハクビシン
③アライグマ

Q7 鹿の説明として間違えているものは？

①本州鹿は、生体重量が約30～50キロ、エゾ鹿は、約50～100キロである。
②屋久島には、屋久鹿と呼ばれる亜種が生息している。
③牧場や平野で成長したエゾ鹿は、山岳地帯の個体より肥大する傾向にある。
④キョンは、主に伊豆大島と埼玉県に生息し、特定外来種に指定されている。

Q8 鹿の捕獲には、銃猟、箱罠、くくり罠が用いられるが、本州鹿で多く用いられる捕獲方法は？

①銃猟　②箱罠　③くくり罠

Q9 次の動物で脂の融点が低い鳥獣はどれか？

①エゾ鹿　②猪　③アナグマ

Q10 本州鹿の脂がのっていて、一番美味しいといわれる時期はいつか？

①春（4～6月）　②夏（7～9月）　③冬（11～1月）

Q11 「美味しいジビエ」を作るために、猪の捕獲・止め刺し方法として、ベストな方法は？

①箱檻にかかった猪の心臓を槍でついた。
②休んでいるところをライフル銃でヘッドショット。
③犬に追いかけさせ、疲れたところを銃でヘッドショット。
④箱罠で十分におとなしくなってから、槍で頸動脈を一撃。

Q12 クマの説明として間違えているものは？

①熊は運動神経が良いので、筋や筋膜が多く、肉が固い。
②熊の脂は、融点が低く、室内の常温でも溶け出す。
③メス熊は、夏初旬に交尾し、2月ごろに冬眠しながら出産する。
④熊肉は、繊維が粗いため、なるべくカルパチョがおすすめだ。

解答

Q1：①
②フザンタージュは熟成の意味。　③エキュメは、アク取りの意味。

Q2：②
①マガモ＝コルベール　②シギ＝ベキャス

Q3：②
①うり坊は生後３か月　③こっけは年老いた個体の意味

Q4：①
北海道は、早く解禁します。エゾ鹿を扱う場合、初歩的な問題です。

Q5：①
サルは、駆除されていますが、狩猟対象ではありません。蝦夷ライチョウとテンは、個体数減少が懸念されています。ツキノワグマは一部地域では狩猟禁止。

Q6：②
ハクビシンは、特定外来種ではありませんが、在来種か外来種かは不明です。

Q7：④
キョンは伊豆大島と千葉県で急増しています。

Q8：③
本州鹿はくくり罠、猪は箱罠またはくくり罠、エゾ鹿は銃猟が中心です。

Q9：③
アナグマは約28度　エゾ鹿約55度　猪約28〜30度　一般的に人間の体温より高い場合、舌触りや消化が悪くなります。

Q10：②
夏鹿と呼ばれ脂が一番のる時期。エゾ鹿は、秋口に脂がのり始めます。

Q11：④
①は心臓が×、②③はすでにストレスが多く、肉が焼けたり、血だまりが発生する可能性が高いので△です。

Q12：④
クマ肉には、旋毛虫（トリヒナ）が寄生しているため、絶対に生食をしてはいけません。旋毛虫はマイナス30度でも死滅しないため、必ず加熱調理が必要です。

ジビエ用語集

ジビエ業界には、たくさんの専門用語があります。調理用語を中心に、狩猟用語を含めた方言など、興味深い言葉が数多くあります。頻度が高い用語を集めてみました。

穴熊猟：
冬眠している熊を爆竹・煙幕でたたき起こし、捕獲する狩猟。巣穴の位置を把握していることが前提で、北側斜面の足場が悪い場所での近距離射撃となるため、難易度は高い。また、射撃後にクマが穴に転がり落ちないように、巣穴から完全に出たところを引き付けて射撃する。クマの冬眠が浅いと反撃に会う危険が高いため、2月頃の猟が中心となる。

穴持たず：
冬眠しないクマのこと。3歳くらいの雄が多い。秋に食料が少ないことや気温が高いことが原因と考えられる。

アーバンベア：
郊外の住宅地などに出没するクマ。または里山に住み着いている個体。人間を怖がらず、攻撃性が高いのが特徴。3歳くらいで、親から乳離れして間もない個体が多い。親がアーバンベアの場合、子供も必ずアーバンベアとなる。

檻罠：
箱罠より大型なもので、 6畳ほどの広さで人が入れる。おもにカラス用の檻。 組立式なので設置場所を容易に移動できる。中には、餌と水を入れて、おとりカラスを生かしおく。

一発弾：
正式名称はスラッグ弾。ライフル銃が許可されづらい日本で、散弾銃で鹿や猪の大物を仕留めるときに使用する。約１５ミリの丸や円錐状の弾丸が１発だけ実包の中にある。ライフル弾と比較して、威力がある反面、精度や距離で劣る。

枝肉：
体から頭及び内臓を取り除き、剥皮した状態の骨付き肉のこと。小動物は１頭買い、鹿・猪は半頭買いが基本。

鴨ワックス：
鴨の毛剥きは、１羽15〜30分掛かり、かなりの重労働といえる。そのため80℃に熱したワックスに鴨を浸け、氷水で固めてから、羽をいっきに毟る方法がある。鴨ワックスを使用することで、１羽5分ほどで毛剥きができるため、猟期に大量に鴨を使用する店では重宝されている。

急速冷凍庫：
風や液体の流れを利用してスピーディーに冷凍できる機材。食品を30分以内で冷凍できるので、氷の膨張を小さく抑え、細胞膜を破壊せずに、食品本来の旨みを保つことができる。解凍後のドリップも少ない。

くくり罠：
獣が罠を踏むと、ワイヤーが締まって脚を捕獲する方法で主に鹿、猪に用いられる。特に猪の場合は知恵比べとなり、糞、足跡、獣道から設置する場所を絞り込んでいく。表面に土や枯れ葉などを使ってカモフラージュし、罠の手前や両サイドに枯れ枝を置いて、前足が掛かる位置を限定し、捕獲率を高める。新品の罠は人工物の匂いがするため、匂いを落としておく。作業着は、シーズン中は洗濯しない罠師もいる。

熊棚：
熊が樹上で枝先の果実や葉などを食べる際、折れた枝を積み重ね「鳥の巣」のような採食痕ができる。熊棚が多い年は、木の実が凶作年ともいわれる。

国産ジビエ認証：
消費者がジビエを安全・安心に食すことができるように2018年農林水産省により制定された制度。審査員が客観的なチェックをして、厚生労働省のガイドラインに基づいた適切な衛生管理を行う施設に認証を与えている。

熊胆：
一昔前は、ポピュラーな生薬だったが、医薬品に指定されたことで、マーケットは急速に縮小した。それでも、ある程度の高値が付くため、違法販売や偽物が後を絶たない。消化不良、胃弱、飲み過ぎ、胸やけ、嘔吐、整腸、便秘等に効果がある。

錯誤捕獲：
捕獲対象以外の鳥獣が誤って捕獲されること。特に鹿猪のくくり罠に熊が掛かった時は問題となる。くくり罠の輪の直径は、熊が掛からないように、12cm 以内にする規制でいるが、小さな個体が錯誤捕獲される。捕獲後は、麻酔銃で眠らせた後、放獣するのが一般的だが、市町村により判断は異なり、殺処分されることも多い。

鹿笛猟：
別名コール猟。繁殖期(9月下旬～11月)は、オス鹿が鳴いて縄張りを主張する。この習性を利用して、オス鹿の鳴き声を真似た笛を吹き、縄張りを荒らされたと勘違いしたオス鹿が現れたところを仕留める。早ければ5分で現れることもある。

忍び猟：
ハンターが単独で獲物の痕跡を追跡し、獲物に気付かれないように忍び寄り、射撃する猟法。主にライフル銃を使用する。ストレスがないため、肉へのダメージが小さい。

食肉処理施設：
食品衛生法に基づく食肉処理業の営業許可を取得した施設のこと。食肉処理施設以外で解体した肉を販売すると違法となる。

ジビエマルシェ：
ジビエの安定供給と効率的な流通を捗ることを目標に、食肉処理施設とレストランを直結する日本最大のジビエ専門市場。現在50カ所の食肉処理施設と1500店のレストランが加盟し、取扱種目は、鹿・猪を始め、鴨、ヒグマ、ツキノワグマ、アナグマ、ハクビシン、ヌートリア、キョン、カラス、トドなど100種類以上にのぼる。年間４０トン以上のジビエが流通している。

勢子（せこ）：
山で一斉に行う巻き狩りの際に、鹿・猪・熊などの大型獣を、射手のいる方向に声を出して追い込む役割の人。

タツマ：
巻き狩りの際に、追い立てられた獲物を仕留める射手のいる場所または人。射手のことをマチ（待ち子）と呼ぶ場合もあり。

血絞り（ちしぼり）：
枝肉の状態で、懸吊し、血や体液を抜く作業。１～２日休ませることで、肉や脂を落ち着かせ、柔らかくする。

土饅頭（つちまんじゅう）：
熊は、獲物を捕獲した後に、一度に食べず、残りを隠す習性がある。その際に穴を掘り、土を被せた形が、まんじゅうのような形に盛り上がることから、このように呼ばれる。土饅頭の近くには、クマがいることが多いため注意が必要である。

電気ショッカー：
罠にかかった獲物を感電させて気絶させるための道具。 箱罠では1本針、くくり罠では2本針タイプが便利。

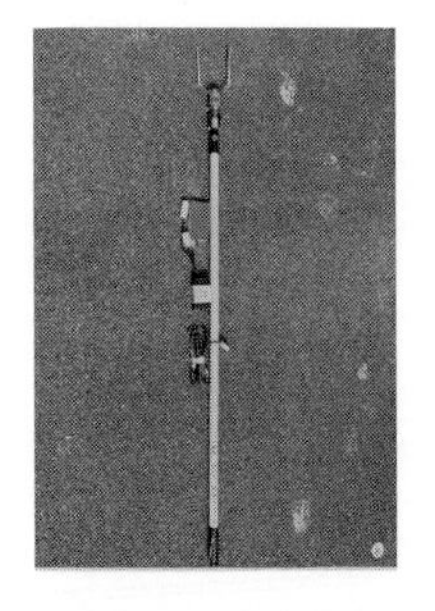

特定外来種：
もともと日本にはいなかった生物（外来生物）で、生態系、人の身体・生命、農林水産業などに影響を及ぼす恐れがある生物を指す。哺乳類２５種、鳥類７種。

止め刺し：
野生動物の息の根を止めること。方法は動物により異なり、道具も様々だ。鹿は撲殺やナイフが多いが、猪は危険なため、電気ショッカー*、槍、銃が使用される。鳥類・小動物は、箱罠の場合は、水没も用いられる。
道具：電気ショッカー、ナイフ、銃、ロープ、木の棒やバット、水、結束バンド等

ドライエイジング：
エゾ鹿の処理施設でよく用いられる熟成方法。骨つきの枝肉や塊肉のまま1〜3℃の温度で、適度な風をあてながら１週間保管する。アミノ酸の増加で、肉質は旨味が増し、柔らかくなる。ナッツのような香ばしい香りがする。

どんこ：
生後半年の「うり坊」のうり模様が抜けた個体で、主に生後６月〜1年未満の仔猪の呼び名。

流し猟：
車両で林道などを走行しながら獲物を探す猟法です。日本では北海道でエゾジカを狩る猟法が代表的。

肉焼け：
くくり罠で、長い時間暴れ、くくられた足の肉が、白く変色する状態。水っぽくなり食肉に向かない。

ヌタ場：
猪が水や泥のたまっている場所で、虫や寄生虫を落とす。夏場では体を冷やすためにも立ち寄る。鹿のオスも交尾期にヌタ場で泥浴びをし、マーキングに利用する。

寝屋（ねや）：
猪・鹿・熊などが寝床している場所。猪は、土を掘り、落ち葉などを敷き詰めていい寝屋を作る。熊は、餌場近くの樹の根元で、座ったような円形の寝床。鹿は平らな場所で、朝晩で寝床を変えるため、寝床数も多い。いい寝屋の作り手は、猪→熊→鹿の順である。

箱罠：
箱の内部に獣が入ると、仕掛けが作動して閉じる仕組で、捕獲対象によって、箱罠の大きさや仕掛けが異なる。餌を使って誘引し、複数の動物を一度に捕獲することも可能。主に熊、猪、アナグマ、ハクビシン、ヌートリアに用いられる。

春熊猟：
マタギにとって、ツキノワグマの毛皮や熊胆*は非常に高く売れ、狩猟・駆除が生業となる時代があった。しかし、時代の流れで、それらの価値が薄れたため、春熊猟は、伝統文化の側面が強い猟である。当然、環境保護団体からは、廃止を求める声が強い。

半矢（はんや）：
銃猟において、鳥獣に弾が命中するが、致死状態にならず、逃げられること。熊の半矢は大変危険である。

ブラフチャージ：
熊の威嚇突進行動。相手に突進しても途中で止まり、激しく地面を叩くなどした後に、後退する動作。人間側は、穏やかに声をかけながら、熊との間に障害物を置くようにゆっくり後退する。残念ながら、突進時点では、「威嚇の突進」と「攻撃の突進」を見分けることはできない。

捕獲圧：
猟師などが、山や森に入り狩猟をすることで、里山に獣が下りないように抑制すること。捕獲圧が弱いと農作物被害や人身事故などが起こりやすくなる。

巻き狩：
猟犬や勢子*が獲物を追い出し、待ち伏せしたタツマが*撃つ狩猟。鹿、猪、熊に用いられ、チームワークが重要である。トランシーバなどでポジションを確認しながら、獲物を追いこんでいく。成功すれば大量捕獲につながるが、タツマが外した時の失望感は半端がない。

無双網（むそうあみ）：
約2m×14mの大きな網を地面に伏せておいて、鳥（主に鴨）が寄ってきたところで、網につながったロープをバネ等で引き、捕獲する狩猟方法。猟の１か月前から米や野菜を撒いて鴨を寄せる。猟は夕方から深夜に行い、一度の猟で100羽以上獲れることもある。

留鳥：
渡りをしない鳥。鴨類では、カルガモが有名。そのため日本では、カルガモの出産・子育てが風物詩となる。

鹿茸（ろくじょう）：
鹿の袋角（ふくろづの)を乾燥させたもの。初夏にオス鹿の角が落ちた後、新しく生えて瘤のようになった状態が袋角だ。これを特殊な方法で乾燥させ、スライスしたものを鹿茸と呼ぶ。中国では、熊胆と並び高額で取引される漢方薬。

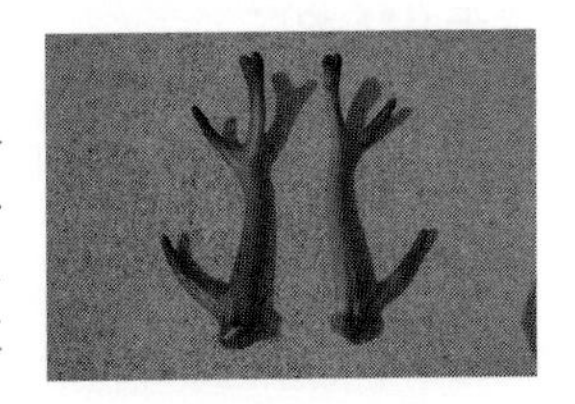

鹿鞭（ろくべん）：

オス鹿の性器および睾丸の脂分を取り除き、乾燥させて作る。中国では鹿鞭をアルコール度数高い中国酒に浸して飲む習慣がある。滋養強壮の効果があるといわれている。

編集後記

美味しいジビエをもっと食べていただきたい。動物の不思議な生態をもっと理解してもらいたい。そんな気持ちでだけで、執筆いたしました。執筆に際し、たくさんの方々にアドバイスをいただき感謝しています。

この場を借りて、猟師の皆さん、処理施設の皆さん、シェフの皆さん、ジビエ関係者の皆さん、農水省・鳥獣対策課の皆さんにお礼を申し上げます。また、旭屋出版の永瀬正人氏には企画から出版までご尽力いただき本当にありがとうございました。

最後に、狩猟や駆除で、私たちの血となり肉となっている動物たちに、心からありがとうと言いたい。これからも彼らの命を余すことなく活用できるように尽力いたします。

令和6年2月
合同会社ワイルドライフ
ジビエマルシェ課
高橋　潔

ジビエマルシェとは

ジビエの安定供給と効率的な流通を捗ることを目標に、食肉処理施設とレストランを直結する日本最大のジビエ専門市場。現在では50カ所の食肉処理施設と1500店のレストランが加盟している。取り扱いは、鹿・猪を始め、鴨、ヒグマ、ツキノワグマ、アナグマ、ハクビシン、ヌートリア、キョン、カラス、トドなど100種類以上の品目で、年間４０トン以上のジビエを仲介・流通させている。

〒192-0911
東京都八王子市打越町645-15
(同)ワイルドライフ・ジビエマルシェ課
TEL：0426-38-8271
FAX：0426-38-8272
MAIL：order@wild-life.net
WEB：http://wild-life.net

編　集	永瀬 正人
原　稿	高橋　潔
レストランガイド 取材・原稿	木村 奈緒（オフィスSNOW） 高橋　潔
表紙アートディレクター	鳥井原 健二
イラスト	鳥井原 健二
デザイン・レイアウト	小森 秀樹

シェフと美食家のための
ジビエガイド
―ジビエの美味しいレストラン147店舗掲載―

発行日　2024年4月2日　初版発行

監　修　ワイルドライフ・ジビエマルシェ

発行者　早嶋　茂
制作者　井上久尚
発行所　株式会社旭屋出版
〒160-0005　東京都新宿区愛住町23-2
ベルックス新宿ビルⅡ　6階
電話　03-5369-6424(編集)
03-5369-6423(販売)
FAX　03-5369-6431(販売)

旭屋出版ホームページ　https://www.asahiya-jp.com

郵便振替　00150-1-19572

印刷・製本　株式会社シナノ

ISBN978-4-7511-1518-3　C2061